ディジタル通信理論入門

工学博士 宮内 一洋 共著
工学博士 若林　勇

コロナ社

まえがき

　本書は，ディジタル通信方式の基本原理と特性の解析に関する入門書である。

　1章「確定的信号」および2章「確率過程」では，本書において頻繁に登場する信号と雑音の計算法を要約して述べる。

　3章「識別受信器と符号誤り率」および4章「フィルタ受信器と相関受信器」では，ディジタル通信方式の基本的構成要素とその特性を述べる。

　以上の準備のもとに，5章「基本的な通信方式の構成と特性」では，線形変調方式の基本モデルを設定し，その特性を計算する。また，代表的な方式である両極性伝送方式，4値 PAM，BPSK，4値 ASK，QPSK，16 QAM などの符号誤り率を求め，さらにそれを回線設計に適用する。

　引き続く三つの章は符号に関するものである。本書では，符号をディジタル通信方式に適用する際に，まず心得ておかなければならない基礎的概念，評価パラメータなどに重点を置いている。

　6章「ブロック符号の通信方式への適用」および7章「畳込み符号の通信方式への適用」は代表的な誤り制御符号に関するものである。誤り制御符号とは，伝送路における誤りの検出や，誤りの訂正のために用いる符号であり，現在のディジタル通信方式において不可欠なものである。

　8章「擬似ランダム符号」では，代表的な擬似ランダム符号である m 系列の発生法および特性を述べる。

　9章「拡散スペクトル通信方式」は，通常の変調信号をさらに二次変調して，周波数帯域幅を大幅に広げて送信することを特徴とする。ここでは，代表的な DS-SS（直接拡散方式）の基本原理を実例によって説明し，また，それを適用した CDMA（符号分割多元接続方式）の基本的特性を計算する。

10章「OFDM方式」は，伝送路ひずみに強い方式として1950年代から開発，実用されてきたが，近年に至って，離散時間処理の適用により新しい息吹きを吹き込まれ，広範囲に利用されるようになった。ここではまず，マルチキャリヤ変調方式の耐ひずみ特性を解説し，つぎに，連続時間OFDMおよび離散時間OFDMの特性を解析する。

11章「干渉と符号誤り率」では，5章の理想的な場合とは異なり，符号間干渉が存在する場合を扱っている。実際の方式では，大なり小なり，符号間干渉が存在する。ここでは，受信側に等化器を設けた両極性伝送方式の特性を計算し，また，簡単な2タップ等化における事例を示す。

これらの記述に際し，3章以降においては特に話しの流れを重視した。本書の性格からして，数学的記述が主となることはやむを得ないが，難解なものは避け，本文には重すぎるものは付録に回した。

本書においてやむを得ず割愛した基盤技術のうち，筆者は特に同期の問題に関心をもっている。これについては今後何らかの形で努力したい。なお，読者が独学で本書に取り掛かるためには，ある程度の予備知識が必要である。そのおもなものは，① フーリエ変換の初歩，波形と周波数スペクトルの関係，② 確率論の初歩，③ 通信工学の初歩，である。このうち③については，本書巻末の参考文献5）の1～3章を一読することをお勧めしたい。

2005年7月

宮内 一洋

目　　次

1. 確定的信号

1.1　連続時間信号 ··· *1*
　1.1.1　畳　込　み ··· *1*
　1.1.2　フーリエ変換 ··· *2*
　1.1.3　フーリエ変換の例 ·· *2*
　1.1.4　単位インパルス ··· *3*
　1.1.5　公　　　式 ··· *3*
　1.1.6　信号のエネルギー ·· *4*
　1.1.7　LTIシステム応答 ·· *4*
1.2　離散時間信号 ··· *5*
　1.2.1　畳　込　み ··· *6*
　1.2.2　フーリエ変換 ··· *6*
　1.2.3　単位インパルス ··· *6*
　1.2.4　公　　　式 ··· *6*
　1.2.5　信号のエネルギー ·· *7*
　1.2.6　LTIシステム応答 ·· *7*
1.3　標　本　化 ··· *8*
　1.3.1　標本化回路と出力信号 ·· *8*
　1.3.2　出力信号の周波数スペクトル ·· *8*
　1.3.3　帯域制限信号の級数展開（標本化定理） ··· *9*
1.4　離散フーリエ変換 ··· *9*
演　習　問　題 ·· *10*

2. 確率過程

2.1 連続時間確率過程 …………………………………… *16*
　2.1.1 自己相関関数 …………………………………… *16*
　2.1.2 WSS …………………………………………… *17*
　2.1.3 WSCS ………………………………………… *18*
2.2 離散時間確率過程 …………………………………… *21*
　2.2.1 自己相関関数 …………………………………… *21*
　2.2.2 WSS …………………………………………… *21*
2.3 WSS の標本化 ……………………………………… *22*
2.4 パルス列における例 ………………………………… *23*
　2.4.1 WSCS の場合 ………………………………… *23*
　2.4.2 WSS の場合 ………………………………… *24*
　2.4.3 WSS でも WSCS でもない場合 ……………… *25*
演 習 問 題 ……………………………………………… *26*

3. 識別受信器と符号誤り率

3.1 ディジタル通信方式のモデルと識別受信器の動作 ……… *29*
　3.1.1 ディジタル通信方式のモデル，構成と機能 ……… *29*
　3.1.2 信号波形の例 …………………………………… *30*
　3.1.3 識別特性と符号誤りの発生条件 ………………… *30*
3.2 ガウス雑音振幅の確率分布 ………………………… *31*
3.3 符号誤り率の計算例 ………………………………… *33*
　3.3.1 単極性伝送方式 ………………………………… *33*
　3.3.2 両極性伝送方式 ………………………………… *34*
　3.3.3 4 値伝送方式 …………………………………… *34*
演 習 問 題 ……………………………………………… *36*

4. フィルタ受信器と相関受信器

4.1 フィルタ受信器 ……………………………………………………… 37
   4.1.1 構成と出力 SNR …………………………………………… 37
   4.1.2 SNR の最大値とそのための条件 ………………………… 39
   4.1.3 整合フィルタとその特性 ………………………………… 40
   4.1.4 整合フィルタの例 ………………………………………… 42
4.2 相関受信器 …………………………………………………………… 42
   4.2.1 構成と特性 ………………………………………………… 42
   4.2.2 フィルタ受信器との等価性，SNR 最大受信 ………… 43
   4.2.3 相関受信器の例 …………………………………………… 44
4.3 種々の受信方式 ……………………………………………………… 44
演 習 問 題 ………………………………………………………………… 46

5. 基本的な通信方式の構成と特性

5.1 波形伝送モデルとその条件 ………………………………………… 47
5.2 代表的な波形と周波数スペクトル ………………………………… 49
   5.2.1 方 形 パ ル ス ……………………………………………… 49
   5.2.2 方形スペクトル …………………………………………… 49
   5.2.3 コサインロールオフ ……………………………………… 49
5.3 ベースバンド PAM の構成と基本式 ……………………………… 50
   5.3.1 信 号 の 計 算 ……………………………………………… 51
   5.3.2 雑 音 の 計 算 ……………………………………………… 51
   5.3.3 識別器の動作 ……………………………………………… 51
5.4 ASK の構成と基本式 ………………………………………………… 51
   5.4.1 基 本 的 前 提 ……………………………………………… 52
   5.4.2 時間制限パルスの場合 …………………………………… 52
   5.4.3 信 号 の 計 算 ……………………………………………… 52

	5.4.4	雑音の計算 …………………………………………………………	53
	5.4.5	識別器の動作 …………………………………………………………	53
5.5	QAM の構成と基本式 ………………………………………………………		54
	5.5.1	信号の計算 …………………………………………………………	54
	5.5.2	雑音の計算 …………………………………………………………	56
5.6	各種方式の符号誤り率 ………………………………………………………		56
	5.6.1	両極性伝送方式 ………………………………………………………	56
	5.6.2	4 値 PAM ………………………………………………………………	56
	5.6.3	BPSK …………………………………………………………………	57
	5.6.4	4 値 ASK ………………………………………………………………	57
	5.6.5	QPSK …………………………………………………………………	58
	5.6.6	16 QAM ………………………………………………………………	58
5.7	回線設計への適用 ……………………………………………………………		59
	5.7.1	信号電力の計算 ………………………………………………………	59
	5.7.2	伝送回線の構成，等価回路および符号誤り率の計算 ………………	59
演 習 問 題 ………………………………………………………………………………			61

6. ブロック符号の通信方式への適用

6.1	ブロック符号の基礎 …………………………………………………………		63
	6.1.1	(n, k) ブロック符号 ……………………………………………………	63
	6.1.2	BSC モデル ……………………………………………………………	64
	6.1.3	情報語および符号語のベクトル表示 ………………………………	65
	6.1.4	ハミング距離 …………………………………………………………	65
	6.1.5	線形符号とハミング重み …………………………………………	66
	6.1.6	線形 (n, k) ブロック符号の誤り検出，訂正能力 …………………	66
	6.1.7	(7, 4) ハミング符号の場合の例 ……………………………………	67
6.2	通信方式モデル ………………………………………………………………		68
	6.2.1	符号化を用いない場合 ………………………………………………	68
	6.2.2	符号化・硬判定復号を用いる場合 …………………………………	69
	6.2.3	符号化・軟判定復号を用いる場合 …………………………………	70

6.2.4　信号と雑音の表示式 ……………………………………… 71
6.3　硬判定復号器の機能と特性 …………………………………………… 74
　　6.3.1　最適復号器 ……………………………………………… 74
　　6.3.2　符号化利得および漸近符号化利得 ……………………… 75
　　6.3.3　(7, 4)ハミング符号の例 ……………………………… 76
6.4　軟判定復号器の条件，構成および特性 ……………………………… 77
　　6.4.1　最適復号器の条件 ………………………………………… 77
　　6.4.2　最適復号器の構成 ………………………………………… 78
　　6.4.3　符号誤り率の上限，下限 ………………………………… 79
　　6.4.4　符号化利得および漸近符号化利得 ……………………… 82
　　6.4.5　(7, 4)ハミング符号の例 ……………………………… 82
6.5　インタリーブ …………………………………………………………… 83
演　習　問　題 ………………………………………………………………… 84

7. 畳込み符号の通信方式への適用

7.1　畳込み符号の基礎 ……………………………………………………… 87
　　7.1.1　畳込み符号器の構成 ……………………………………… 87
　　7.1.2　状態とその遷移 …………………………………………… 89
　　7.1.3　畳込み符号とブロック符号の関係 ……………………… 93
7.2　通信方式モデルと復号法 ……………………………………………… 93
　　7.2.1　硬判定復号の場合 ………………………………………… 93
　　7.2.2　軟判定復号の場合 ………………………………………… 97
7.3　符号誤り率 ……………………………………………………………… 99
　　7.3.1　誤り事象，最短距離誤り事象および最小自由距離 …… 99
　　7.3.2　畳込み符号の伝達関数 …………………………………… 100
　　7.3.3　ビット誤り率の上限および漸近符号化利得 …………… 104
演　習　問　題 ………………………………………………………………… 106

8. 擬似ランダム符号

8.1 m 系列の例 ……………………………………………………… *109*
8.2 段数が大きい m 系列発生器 ……………………………… *112*
8.3 m 系列の特性 ……………………………………………… *112*
   8.3.1 周　　期 …………………………………………………… *112*
   8.3.2 1周期中における0と1の発生数 ……………………… *113*
   8.3.3 ラ　ン　特　性 ……………………………………………… *113*
   8.3.4 シフト・加算性 ……………………………………………… *113*
8.4 m 系列（±1系列）の特性 …………………………… *113*
   8.4.1 変換ルール ………………………………………………… *114*
   8.4.2 周期およびラン特性 ……………………………………… *114*
   8.4.3 1周期中における1と−1の発生数 …………………… *114*
   8.4.4 シフト・乗積性 ……………………………………………… *114*
   8.4.5 平　　均　　値 …………………………………………… *114*
   8.4.6 自己相関関数 ……………………………………………… *115*
8.5 擬似ランダムパルス列 ……………………………………… *116*
   8.5.1 線スペクトル電力 ………………………………………… *116*
   8.5.2 電力スペクトル密度 ……………………………………… *117*
   8.5.3 自己相関関数 ……………………………………………… *117*
演 習 問 題 ……………………………………………………… *119*

9. 拡散スペクトル通信方式

9.1 SS-BPSK 方式における送受信器 ……………………… *120*
   9.1.1 送　　信　　器 …………………………………………… *120*
   9.1.2 受　　信　　器 …………………………………………… *123*
9.2 CDMA ……………………………………………………… *125*
   9.2.1 多元接続方式 ……………………………………………… *125*

9.2.2　CDMAの基本的構成 …………………………………… *126*
9.2.3　SS-BPSKを用いるCDMAのビット誤り率
　　　（同一受信電力の場合） ……………………………… *127*
9.2.4　SS-BPSKを用いるCDMAのビット誤り率
　　　（受信電力が異なる場合） …………………………… *129*
9.3　種々の方式構成 …………………………………………… *130*
演習問題 ………………………………………………………… *132*

10. OFDM 方 式

10.1　マルチキャリヤ変調方式 ………………………………… *135*
10.2　連続時間OFDM …………………………………………… *137*
　10.2.1　送信信号 …………………………………………… *137*
　10.2.2　復　　調 …………………………………………… *138*
　10.2.3　保護区間の付加 …………………………………… *140*
　10.2.4　方式構成 …………………………………………… *143*
　10.2.5　電力スペクトル密度 ……………………………… *144*
10.3　離散時間OFDM …………………………………………… *144*
　10.3.1　離散時間OFDMの基本構成 ……………………… *145*
　10.3.2　連続時間OFDMとの関係 ………………………… *146*
　10.3.3　継続送信と符号間干渉対策 ……………………… *149*
演習問題 ………………………………………………………… *151*

11. 干渉と符号誤り率

11.1　方式構成 …………………………………………………… *156*
11.2　孤立パルス伝送の場合 …………………………………… *157*
11.3　信号および雑音の記述 …………………………………… *158*
　11.3.1　信　　号 …………………………………………… *158*
　11.3.2　雑　　音 …………………………………………… *159*

x　　目　　　　　次

11.4　BER ……………………………………………………… *160*
11.5　簡単な事例 ……………………………………………… *161*
　11.5.1　前　　提 ……………………………………………… *161*
　11.5.2　各種表示式 …………………………………………… *162*
　11.5.3　BERの計算結果と検討 …………………………… *162*
演習問題 ………………………………………………………… *164*

付　　　録 ……………………………………………………… *165*

　A．搬送波帯LTIシステム ………………………………… *165*
　B．結合WSSおよび帯域WSS …………………………… *167*
　C．結合ガウス変数と定常ガウス過程 …………………… *169*
　D．ガウス雑音の展開式表示と乗積検波 ………………… *170*
　E．硬判定復号における符号誤り率の上限 ……………… *172*
　F．周期的パルス列 ………………………………………… *174*
　G．多重波伝搬 ……………………………………………… *177*
　H．QPSKにおける干渉 …………………………………… *178*
　I．一般的な多値方式における最適受信器 ……………… *181*

参　考　文　献 ……………………………………………… *191*

演習問題解答 ………………………………………………… *193*

索　　　　引 ………………………………………………… *200*

1. 確定的信号

通信方式の解析は，通常，通信方式モデル（ブロック図）の設定，各ポートにおける信号および雑音の定式化（式による表現），ポート間におけるそれらの関係の計算など，一連の手順に沿って進められる．本章および2章では，このための計算法の要点を述べる．本章ではまず**確定的信号**（deterministic signal）を取り扱う．確定的信号とは不確定な要素をまったく含まない信号であり，取扱いが比較的やさしい．

最初に連続時間信号，すなわち，連続時間，連続周波数によって記述される信号を扱い，引き続き離散時間信号，すなわち，離散時間，連続周波数によって記述される信号を扱う．このおもな内容は，畳込み，フーリエ変換，単位インパルス，重要な公式，信号のエネルギー，LTIシステム応答などである．つぎに，連続時間信号の標本化を扱い，標本化後の信号の時間領域および周波数領域表現を示すとともに，帯域制限信号の級数展開（標本化定理）を説明する．さらに，離散時間，離散周波数における変換，すなわち，離散フーリエ変換の基本式を示す．

ここで示した計算法を使いこなすには，練習が重要なので，本章の終わりに，かなり多数の演習問題を準備した．

1.1 連続時間信号

1.1.1 畳込み

二つの連続時間信号 $g_1(t)$ と $g_2(t)$ に対して式 (1.1) に示す $g_1(t) * g_2(t)$ を定義する．これを両者の**畳込み**（convolution）（あるいは畳込み積分）と呼ぶ．

$$g_1(t) * g_2(t) = \int_{-\infty}^{\infty} g_1(t-x) g_2(x) \, dx \tag{1.1}$$

式 (1.1) の演算は $g_1(t)$, $g_2(t)$ に対して対称であり式 (1.2) が成り立つ。

$$g_1(t) * g_2(t) = g_2(t) * g_1(t) \tag{1.2}$$

1.1.2 フーリエ変換

信号 $g(t)$ の周波数スペクトル $G(\omega)$ は式 (1.3) の**フーリエ変換** (Fourier transform) で与えられる。

$$G(\omega) = \int_{-\infty}^{\infty} g(t) e^{-j\omega t} dt \tag{1.3}$$

逆に $g(t)$ は $G(\omega)$ より式 (1.4) を用いて計算できる。

$$g(t) = \frac{1}{2\pi} \int_{-\infty}^{\infty} G(\omega) e^{j\omega t} d\omega \tag{1.4}$$

式 (1.3), (1.4) をそれぞれフーリエ変換および逆変換の公式と呼ぶ。また $g(t)$ と $G(\omega)$ の組合せを**フーリエ変換対** (Fourier transform pair) という。この関係を簡略に式 (1.5) で表す。

$$g(t) \leftrightarrow G(\omega) \tag{1.5}$$

1.1.3 フーリエ変換の例

$$g(t-t_0) \leftrightarrow G(\omega) e^{-j\omega t_0} \tag{1.6}$$

$$g(t) e^{j\omega_0 t} \leftrightarrow G(\omega - \omega_0) \tag{1.7}$$

$\Pi(t)$ および $\mathrm{sinc}\, x$ を式 (1.8), (1.9) で定義する。

$$\left. \begin{aligned} \Pi(t) &= 1 \quad \left(|t| < \frac{1}{2}\right) \\ &= 0 \quad \left(|t| \geq \frac{1}{2}\right) \end{aligned} \right\} \tag{1.8}$$

$$\mathrm{sinc}\, x = \frac{\sin(\pi x)}{\pi x} \tag{1.9}$$

式 (1.8), (1.9) について式 (1.10), (1.11) が成り立つ。

$$\Pi\left(\frac{t}{T}\right) \leftrightarrow T \,\mathrm{sinc}\, \frac{\omega T}{2\pi} \tag{1.10}$$

$$\frac{\omega_c}{\pi}\operatorname{sinc}\frac{\omega_c t}{\pi} \leftrightarrow \Pi\left(\frac{\omega}{2\,\omega_c}\right) \tag{1.11}$$

1.1.4 単位インパルス

単位インパルス（デルタ関数）$\delta(t)$ は，原点に置かれた面積が 1，幅が無限小のパルスであり式 (1.12)，(1.13) を満足する。$\delta(t)$ は偶関数である。

$$\delta(t) = 0 \qquad (t \neq 0) \tag{1.12}$$

$$\int_{-\infty}^{\infty} \delta(t)\,dt = 1 \tag{1.13}$$

$\delta(t)$ のフーリエ変換について式 (1.14)，(1.15) が成り立つ。

$$\delta(t) \leftrightarrow 1 \tag{1.14}$$

$$1 \leftrightarrow 2\,\pi\delta(\omega) \tag{1.15}$$

また，$t = a$ で連続な関数 $g(t)$ に対して式 (1.16)，(1.17) が成り立つ。

$$g(t)\,\delta(t - a) = g(a)\,\delta(t - a) \tag{1.16}$$

$$\int_{-\infty}^{\infty} g(t)\,\delta(t - a)\,dt = g(a) \tag{1.17}$$

1.1.5 公　　　式

$g_1(t) \leftrightarrow G_1(\omega)$, $g_2(t) \leftrightarrow G_2(\omega)$, $g(t) \leftrightarrow G(\omega)$ とすれば〔1〕〜〔4〕の公式が成り立つ。

〔1〕 **畳込みに関する公式**

$$g_1(t) * g_2(t) \leftrightarrow G_1(\omega)\,G_2(\omega) \tag{1.18}$$

$$g_1(t)\,g_2(t) \leftrightarrow \frac{1}{2\,\pi} G_1(\omega) * G_2(\omega) \tag{1.19}$$

〔2〕 **パーシバル (Parseval) の公式**

$$\int_{-\infty}^{\infty} g_1(t)\,g_2^*(t)\,dt = \frac{1}{2\,\pi}\int_{-\infty}^{\infty} G_1(\omega)\,G_2^*(\omega)\,d\omega \tag{1.20}$$

〔3〕 **ポアソン (Poisson) 和公式**

$$\sum_{n=-\infty}^{\infty} g(t - nT) = \frac{1}{T}\sum_{n=-\infty}^{\infty} G(n\omega_r)\,e^{jn\omega_r t} \tag{1.21}$$

4　　1. 確 定 的 信 号

$$\sum_{n=-\infty}^{\infty} G(\omega - n\omega_r) = T\sum_{n=-\infty}^{\infty} e^{-jnT\omega} g(nT) \tag{1.22}$$

ただし，ω_r は式 (1.23) で与えられる。

$$\omega_r = \frac{2\pi}{T} \tag{1.23}$$

〔4〕 **共役対称特性**　　実関数 $g(t)$ のフーリエ変換 $G(\omega)$ は式 (1.24) の共役対称条件を満足する。

$$G(-\omega) = G^*(\omega) \tag{1.24}$$

したがって，$G(\omega)$ の実部は偶，虚部は奇である。

1.1.6　信号のエネルギー

信号（実関数）$g(t)$ のエネルギー E_g は式 (1.25) で与えられる。

$$E_g = \int_{-\infty}^{\infty} g^2(t)\,dt \tag{1.25}$$

式 (1.25) は $g(t)$ の周波数スペクトル $G(\omega)$ によって式 (1.26) で表すこともできる。

$$E_g = \frac{1}{2\pi} \int_{-\infty}^{\infty} |G(\omega)|^2 d\omega \tag{1.26}$$

1.1.7　LTI システム応答

〔1〕 **LTI システム**　　LTI システム（線形・時不変システム）は代表的な線形システムである。L は**線形** (linear)，TI は**時不変** (time invariant) を意味する。

線形とは重畳の理が成立することである。これについて説明するため，LTI システムの入力 x に対する出力を $L[x]$ と書く。

重畳の理とは，任意の $f_1(t)$ および $f_2(t)$ について

$$L[f_1(t)] = g_1(t),\quad L[f_2(t)] = g_2(t) \tag{1.27}$$

であるとき，任意の係数 c_1, c_2 に対して式 (1.28) が成り立つことをいう。

$$L[c_1 f_1(t) + c_2 f_2(t)] = c_1 g_1(t) + c_2 g_2(t) \tag{1.28}$$

時不変とは，システムの特性が時間に依存しないことをいう．すなわち任意の $f(t)$ について

$$L[f(t)] = g(t) \tag{1.29}$$

であるとき，任意の時点 t_0 に対して式 (1.30) が成り立つことをいう．

$$L[f(t - t_0)] = g(t - t_0) \tag{1.30}$$

なお，本書で取り扱うシステムは特に断らないかぎり LTI システムである．

〔2〕 **インパルス応答および伝達関数** 与えられた LTI システムに単位インパルス $\delta(t)$ を入力したときの出力を，そのシステムのインパルス応答と呼ぶ．

ここでは，インパルス応答を $h(t)$ とし，そのフーリエ変換を $H(\omega)$ とする．$H(\omega)$ をこのシステムの伝達関数と呼ぶ．

〔3〕 **入出力関係** この LTI システムに，信号 $g_1(t)$ を印加したときの出力を $g_2(t)$ とすれば式 (1.31) が成り立つ．

$$g_2(t) = g_1(t) * h(t) \tag{1.31}$$

また，$g_1(t)$ の周波数スペクトル $G_1(\omega)$，$g_2(t)$ の周波数スペクトル $G_2(\omega)$ に対して式 (1.32) が成り立つ．

$$G_2(\omega) = G_1(\omega) H(\omega) \tag{1.32}$$

〔4〕 **搬送波帯 LTI システム** 搬送波帯方式の解析には，搬送波帯 LTI システムの取扱いが必要となる．搬送波帯 LTI システムも LTI システムの一種であるから，ここで述べた基本的事項が当然成り立つが，さらに詳しく知りたい場合には，付録 A. および演習問題 [問 1.13] を参照してほしい．

1.2 離散時間信号

T 秒おきの時系列

$$\cdots, \; a_{-2}, \; a_{-1}, \; a_0, \; a_1, \; a_2, \; \cdots$$

を a_n で表し，これを離散時間信号と呼ぶ．なお，a_n を $a(n)$ あるいは $a[n]$ と書くこともある．

1.2.1 畳込み

二つの離散時間信号 a_n と b_n に対してつぎの $a_n * b_n$ を定義する。これを両者の**畳込み**（畳込みの和）と呼ぶ。

$$a_n * b_n = \sum_{k=-\infty}^{\infty} a_{n-k} b_k \tag{1.33}$$

式 (1.33) について式 (1.34) が成り立つ。

$$a_n * b_n = b_n * a_n \tag{1.34}$$

1.2.2 フーリエ変換

離散時間信号 x_n の周波数スペクトル $X(e^{j\omega T})$ はそのフーリエ変換であり，式 (1.35) で与えられる。

$$X(e^{j\omega T}) = \sum_{n=-\infty}^{\infty} x_n e^{-jn\omega T} \tag{1.35}$$

式 (1.35) の逆変換は式 (1.36) のとおりである。

$$x_n = \frac{T}{2\pi} \int_{-\frac{\pi}{T}}^{\frac{\pi}{T}} X(e^{j\omega T}) e^{j\omega n T} d\omega \tag{1.36}$$

これらが離散時間系におけるフーリエ変換対を与える。これを簡略に

$$x_n \leftrightarrow X(e^{j\omega T}) \tag{1.37}$$

と表す。

1.2.3 単位インパルス

単位インパルス δ_n は式 (1.38) で与えられる。

$$\begin{aligned} \delta_n &= 1 \quad (n = 0) \\ &= 0 \quad (n \neq 0) \end{aligned} \Biggr\} \tag{1.38}$$

1.2.4 公式

$x_n \leftrightarrow X(e^{j\omega T})$, $y_n \leftrightarrow Y(e^{j\omega T})$ に対して〔1〕〜〔3〕の公式が成り立つ。

〔1〕 畳込みに関する公式

$$x_n * y_n \leftrightarrow X(e^{j\omega T}) Y(e^{j\omega T}) \tag{1.39}$$

$$x_n y_n \leftrightarrow \frac{T}{2\pi} \int_{-\frac{\pi}{T}}^{\frac{\pi}{T}} X(e^{j\Omega T}) Y(e^{j(\omega-\Omega)T}) d\Omega \tag{1.40}$$

〔2〕 **パーシバルの公式**

$$\sum_{n=-\infty}^{\infty} x_n y_n^* = \frac{T}{2\pi} \int_{-\frac{\pi}{T}}^{\frac{\pi}{T}} X(e^{j\omega T}) Y^*(e^{j\omega T}) d\omega \tag{1.41}$$

〔3〕 **共役対称特性**　　信号 x_n は実数とする。このフーリエ変換 $X(e^{j\omega T})$ は式 (1.42) の共役対称条件を満足する。

$$X(e^{-j\omega T}) = X^*(e^{j\omega T}) \tag{1.42}$$

1.2.5　信号のエネルギー

信号 x_n は実数とする。このエネルギー E_x は式 (1.43) で与えられる。

$$E_x = \sum_{n=-\infty}^{\infty} x_n^2 \tag{1.43}$$

式 (1.43) を x_n の周波数スペクトル $X(e^{j\omega T})$ で表せば式 (1.44) になる。

$$E_x = \frac{T}{2\pi} \int_{-\frac{\pi}{T}}^{\frac{\pi}{T}} |X(e^{j\omega T})|^2 d\omega \tag{1.44}$$

1.2.6　LTI システム応答

〔1〕 **LTI システム**　　LTI システムとは線形・時不変システムを意味する。線形とは重畳の理が成立すること，時不変とはシステムの特性が時間に依存しないことをいう。

〔2〕 **インパルス応答および伝達関数**　　与えられた LTI システムに単位インパルス δ_n を入力したときの出力をインパルス応答という。ここでは，インパルス応答を h_n とし，そのフーリエ変換を $H(e^{j\omega T})$ とする。$H(e^{j\omega T})$ をそのシステムの伝達関数と呼ぶ。

〔3〕 **入出力関係**　　このシステムに x_n を入力したときの出力を y_n とすると式 (1.45)，(1.46) が成り立つ。ただし，$x_n \leftrightarrow X(e^{j\omega T})$，$y_n \leftrightarrow Y(e^{j\omega T})$ である。

$$y_n = x_n * h_n \tag{1.45}$$

$$Y(e^{j\omega T}) = H(e^{j\omega T})X(e^{j\omega T}) \tag{1.46}$$

1.3 標 本 化

1.3.1 標本化回路と出力信号

図 1.1 は乗算器を用いる場合であり，入出力ともに連続時間信号である．出力信号 $f(t)$ は式 (1.47) のインパルス列となる．図 1.2 は連続時間信号から離散時間信号への変換である．この場合の出力信号は $t = nT$ における $g(t)$ の標本値であり，離散時間信号である．

$$f(t) = \sum_{n=-\infty}^{\infty} g(nT)\delta(t - nT) \tag{1.47}$$

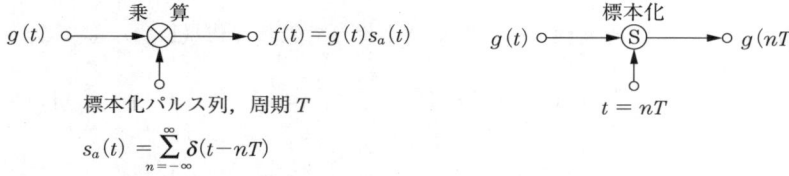

図 1.1 連続時間における標本化

図 1.2 連続時間信号から離散時間信号への変換

1.3.2 出力信号の周波数スペクトル

標本化角周波数を $\omega_s = 2\pi/T$ とし，図 1.1 の出力（連続時間信号）$f(t)$ の周波数スペクトルを $F(\omega)$，図 1.2 の出力（離散時間信号）$g(nT)$ の周波数スペクトルを $G_D(e^{j\omega T})$ とすれば式 (1.48)，(1.49) が成り立つ．

$$F(\omega) = \frac{1}{T}\sum_{n=-\infty}^{\infty} G(\omega - n\omega_s) \tag{1.48}$$

$$G_D(e^{j\omega T}) = \frac{1}{T}\sum_{n=-\infty}^{\infty} G(\omega - n\omega_s) \tag{1.49}$$

したがって，両者は同じである．

1.3.3 帯域制限信号の級数展開（標本化定理）

入力信号 $g(t)$ が周波数 $1/(2T)$ に帯域制限されている場合，すなわちその周波数スペクトル $G(\omega)$ が ω_s に対して

$$G(\omega) = 0 \quad \left(|\omega| \geq \frac{\omega_s}{2}\right) \tag{1.50}$$

を満足する場合には式（1.51）が成り立つ。

$$g(t) = \sum_{n=-\infty}^{\infty} g(nT)\,\text{sinc}\,\frac{t-nT}{T} \tag{1.51}$$

1.4 離散フーリエ変換

これは離散時間，離散周波数における変換である。長さ N の系列

$$x_0,\ x_1,\ \cdots,\ x_{N-1}$$

がある。

式（1.52）に示す X_k を x_n の**離散フーリエ変換**（discrete Fourier transform, DFT）と呼ぶ。なお，N を明示したければこれを N 点 DFT あるいは N 元 DFT と呼ぶ。

$$X_k = \sum_{n=0}^{N-1} x_n W_N^{-nk} \quad (k = 0,\ 1,\ \cdots,\ N-1) \tag{1.52}$$

ただし，W_N は式（1.53）で与えられる。

$$W_N = e^{\frac{j2\pi}{N}} \tag{1.53}$$

逆に x_n は X_k より式（1.54）で計算できる。

$$x_n = \frac{1}{N}\sum_{k=0}^{N-1} X_k W_N^{nk} \quad (n = 0,\ 1,\ \cdots,\ N-1) \tag{1.54}$$

式（1.54）を**逆離散フーリエ変換**（inverse discrete Fourier transform, IDFT）と呼ぶ。式（1.52）および式（1.54）を離散フーリエ変換対と呼ぶ。式（1.52）においては k の範囲を $0 \leq k \leq N-1$ としたが，これをすべての整数に拡張することができる。その場合には X_k は周期的であり式（1.55）が成り立つ。

$$X_{k+N} = X_k \tag{1.55}$$

式 (1.54) においても n の範囲を $0 \leqq n \leqq N-1$ としたが，これをすべての整数に拡張することができる．その場合には x_n は周期的であり式 (1.56) が成り立つ．

$$x_{n+N} = x_n \tag{1.56}$$

演 習 問 題

[問 1.1] 式 (1.57) を証明せよ．

$$\int_{-\infty}^{\infty} \operatorname{sinc} x \operatorname{sinc}(t-x)\, dx = \operatorname{sinc} t \tag{1.57}$$

[問 1.2] 信号 $a(t)$ と $b(t)$ はともに角周波数 ω_0 に帯域制限されている．すなわち，それらの周波数スペクトル $A(\omega)$ と $B(\omega)$ が式 (1.58) を満足している．

$$A(\omega) = B(\omega) = 0 \quad (|\omega| \geqq \omega_0) \tag{1.58}$$

このとき式 (1.59) の $c(t)$ は角周波数 $2\omega_0$ に帯域制限されることを示せ．

$$c(t) = a(t)\,b(t) \tag{1.59}$$

[問 1.3] 図 1.3 において ① における入力信号を $a(t)$，LPF のインパルス応答を $h(t)$ とする．③ における出力信号を求めよ．

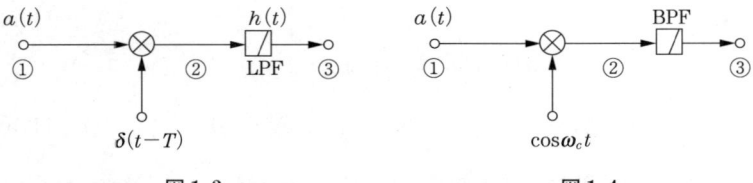

図 1.3　　　　　　　　図 1.4

[問 1.4] 図 1.4 において ① における入力信号を $a(t)$，その周波数スペクトルを $A(\omega)$，BPF の伝達関数を $B(\omega - \omega_c) + B^*(-\omega - \omega_c)$ とする．③ における出力信号の周波数スペクトルを求めよ．ただし，$A(\omega - \omega_c)\,B^*(-\omega - \omega_c) = 0$, $A(\omega + \omega_c)\,B(\omega - \omega_c) = 0$ と

する。

[問 1.5] 連続時間信号 $g(t)$ を時刻 $t = t_0 + nT$ で標本化して得た離散時間信号を $x(n)$ とする。$x(n)$ の周波数スペクトル $X(e^{j\omega T})$ を $g(t)$ の周波数スペクトル $G(\omega)$ で表現せよ。

[問 1.6] 任意の整数 r に対して式 (1.60) の S_r を求めよ。

$$S_r = \sum_{k=0}^{N-1} W_N^{kr} \tag{1.60}$$

ただし、W_N は式 (1.61) で与えられ、N は 2 以上の整数とする。

$$W_N = e^{\frac{j2\pi}{N}} \tag{1.61}$$

[問 1.7] 式 (1.62) の $u(n, m)$ を求めよ。

$$u(n, m) = \sum_{k=0}^{N-1} W_N^{k(n-m)} \tag{1.62}$$

ただし

$$W_N = e^{\frac{j2\pi}{N}} \quad (0 \leq n \leq N-1, \quad 0 \leq m \leq N-1) \tag{1.63}$$

とし、N は 2 以上の整数とする。

[問 1.8] 本文の式 (1.52), (1.53) を前提として式 (1.54) を証明せよ (IDFT 公式の証明)。なお、[問 1.6] および [問 1.7] の解答を利用してもよい。

[問 1.9] 連続時間信号 $g(t)$ の周波数スペクトルを $G(\omega)$ とする。式 (1.64) の I を $G(\omega)$ で表現せよ。

$$I = \sum_{n=-\infty}^{\infty} g^2(t_0 + nT) \tag{1.64}$$

[問 1.10] 図 1.5 において ① からの入力を式 (1.65) に示す $x(t)$ とする。

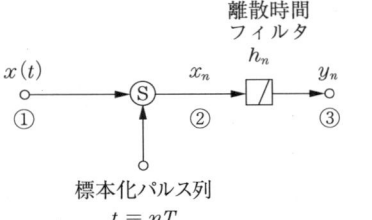

図 1.5

ただし，a_m は独立な変調データである。

$$x(t) = \sum_{m=-\infty}^{\infty} a_m\, g(t - mT) \tag{1.65}$$

$x(t)$ の $t = nT$ における標本値を x_n，$g(t)$ の $t = nT$ における標本値を g_n とする。離散時間フィルタのインパルス応答を h_n とする。

(1) ②における信号 x_n を a_n と g_n で表せ。

(2) ③における信号 y_n を a_n，g_n および h_n で表せ。

(3) a_n，g_n，h_n，x_n および y_n のフーリエ変換を，それぞれ $A(e^{j\omega T})$，$G(e^{j\omega T})$，$H(e^{j\omega T})$，$X(e^{j\omega T})$ および $Y(e^{j\omega T})$ とする。$X(e^{j\omega T})$ を $A(e^{j\omega T})$ と $G(e^{j\omega T})$ で表せ。また $Y(e^{j\omega T})$ を $A(e^{j\omega T})$，$G(e^{j\omega T})$ および $H(e^{j\omega T})$ で表せ。

[問 1.11] これは [問 1.10] の続きである。ここでは

$$b_n = g_n * h_n \tag{1.66}$$

とし，b_n のフーリエ変換を $B(e^{j\omega T})$ とする。$y_n = a_n * b_n$ を書き直すと式 (1.67) のとおりになる。

$$y_n = a_n b_0 + (a_{n-1} b_1 + a_{n-2} b_2 + \cdots) + (a_{n+1} b_{-1} + a_{n+2} b_{-2} + \cdots) \tag{1.67}$$

この第1項を希望信号とする。第2および第3項は符号間干渉である。

(1) 式 (1.68) が成り立つ場合には，任意の系列 a_n に対してつねに符号間干渉が消失することを示せ。

$$G(e^{j\omega T}) H(e^{j\omega T}) = b_0 \tag{1.68}$$

(2) g_0，g_1 以外の g_n は 0 とする。(1)の式 (1.68) を満足する h_n を求めよ。ただし $|g_1/g_0| < 1$ とする。

[問 1.12] 複素数の系列 $a_n + j b_n\,(n = 0, 1, 2, \cdots, N-1)$ がある。この N 元 DFT D_k の実部を P_k とする。P_k の N 元 IDFT p_n を求め，a_n および b_n を用いて表現せよ。

[問 1.13] BPF の伝達関数 $H(\omega)$ は式 (1.69) で表すことができる。

$$H(\omega) = H_B(\omega - \omega_c)e^{j\phi_0} + H_B{}^*(-\omega - \omega_c)e^{-j\phi_0} \quad (1.69)$$

$H_B(\omega)$ は $H(\omega)$ の等価低域伝達関数である。ϕ_0 は $H(\omega)$ の ω_c における位相回転を示す。ここでは $H_B(\omega)$ は共役対称特性で，角周波数 ω_c に帯域制限されていると仮定する。

（1） $H(\omega)$ のインパルス応答 $h(t)$ が式（1.70）で与えられることを証明せよ。ただし，$h_s(t)$ は $H_B(\omega)$ のインパルス応答である。

$$h(t) = 2\, h_s(t) \cos(\omega_c t + \phi_0) \quad (1.70)$$

（2） この BPF に式（1.71）の搬送波信号 $f_{\text{in}}(t)$ を入力する。ここで，$f_I(t)$ および $f_Q(t)$ は角周波数 ω_c に帯域制限されていると仮定する。

$$f_{\text{in}}(t) = f_I(t) \cos \omega_c t + f_Q(t) \sin \omega_c t \quad (1.71)$$

このときの BPF 出力信号 $f_{\text{out}}(t)$ が式（1.72）で与えられることを証明せよ。

$$f_{\text{out}}(t) = \{f_I(t) * h_s(t)\} \cos(\omega_c t + \phi_0)$$
$$+ \{f_Q(t) * h_s(t)\} \sin(\omega_c t + \phi_0) \quad (1.72)$$

[問 1.14] 式（1.73）を証明せよ。

$$e^{j\omega_0 t} \leftrightarrow 2\pi \delta(\omega - \omega_0) \quad (1.73)$$

[問 1.15] $f(t)$ の周波数スペクトル $F(\omega)$ は式（1.74）を満足する。

$$F(\omega) = 0 \quad \left(|\omega| \geq \frac{2\pi}{T}\right) \quad (1.74)$$

式（1.75）が成り立つことを証明せよ。

$$\int_{-\infty}^{\infty} f(t)\, dt = T \sum_{n=-\infty}^{\infty} f(nT) \quad (1.75)$$

[問 1.16] （1） 式（1.76）に示すとおり，$z(t)$ は $x(t)$ と $y(t)$ の畳込みで与えられる。

$$z(t) = x(t) * y(t) \quad (1.76)$$

これらに対して式（1.77）が成り立つことを証明せよ。

$$\left.\begin{array}{l} x(t-t_0) * y(t) = z(t-t_0) \\ x(t) * y(t-t_0) = z(t-t_0) \end{array}\right\} \quad (1.77)$$

（２）　上の問題（１）の式 (1.76)，(1.77) の意味を説明せよ。

[問 1.17]　$f(t)$ が周波数 $1/(2T)$ に帯域制限されているとき，式 (1.78) が成り立つことを証明せよ。

$$f(t) * f_B(t-t_0) = f(t-t_0) \quad (1.78)$$

ただし，$f_B(t)$ は式 (1.79) で与えられる。

$$f_B(t) = \frac{1}{T} \operatorname{sinc} \frac{t}{T} \quad (1.79)$$

[問 1.18]　式 (1.80) を証明せよ。

$$\left.\begin{array}{l} \operatorname{sinc} \dfrac{x-y}{T} = \sum_{n=-\infty}^{\infty} \operatorname{sinc} \dfrac{x-nT}{T} \operatorname{sinc} \dfrac{y-nT}{T} \\ \operatorname{sinc} \dfrac{\tau}{T} = \sum_{n=-\infty}^{\infty} \operatorname{sinc} \dfrac{t+\tau-nT}{T} \operatorname{sinc} \dfrac{t-nT}{T} \end{array}\right\} \quad (1.80)$$

[問 1.19]　（１）　実関数 $f(t)$ および $g(t)$ のフーリエ変換をそれぞれ $F(\omega)$ および $G(\omega)$ とする。$F(\omega) G^*(\omega) = 0$ であれば式 (1.81) が成り立つことを証明せよ。

$$\int_{-\infty}^{\infty} f(t) g(t) \, dt = 0 \quad (1.81)$$

（２）　上の問題（１）の具体例を示せ。

[問 1.20]　式 (1.82)，(1.83) を証明せよ。

（１）　$\displaystyle \int_{-\infty}^{\infty} \operatorname{sinc} t \, dt = 1 \quad (1.82)$

（２）　$\displaystyle \int_{-\infty}^{\infty} \operatorname{sinc}^2 t \, dt = 1 \quad (1.83)$

[問 1.21]　式 (1.84) を証明せよ。ただし m, n は整数とする。

$$\int_{-\infty}^{\infty} \operatorname{sinc}(t-m) \operatorname{sinc}(t-n) \, dt = \delta_{m-n} \quad (1.84)$$

[問 1.22]　中心が原点にあり，振幅が 1 で，パルス幅が kT の方形パルスを $g(t)$ とする。ただし，k は奇数とする。$g(t)$ の T 秒おきの標本値 $x_n = g(nT)$ は離散時間信号である。

(1) $g(t)$ の周波数スペクトル $G(\omega)$ を求めよ。
(2) 離散時間信号 x_n を求めよ。
(3) 離散時間信号 x_n の周波数スペクトル $X(e^{j\omega T})$ を求めよ。
(4) $(kT)^{-1}G(\omega)$ および $k^{-1}X(e^{j\omega T})$ を $q=(2\pi)^{-1}kT\omega$ の関数とし，$k=5$ の場合を図示せよ。
(5) k を大きくしていくと $(kT)^{-1}G(\omega)$ と $k^{-1}X(e^{j\omega T})$ の関係がどうなるかを考察せよ。

[問 1.23] 連続時間信号 $g(t)$ を時刻 $t=t_0+nT$ で標本化して得た離散時間信号を x_n とする。また，x_n を伝達関数が $H(e^{j\omega T})$ の離散時間フィルタに入力して得た出力を y_n とする。$g(t)$ の周波数スペクトルを $G(\omega)$ とする。y_n を $G(\omega)$ と $H(e^{j\omega T})$ で表現せよ。

[問 1.24] 連続時間信号 $g(t)$ の周波数スペクトルを $G(\omega)$，離散時間信号 h_n の周波数スペクトルを $H(e^{j\omega T})$ とする。式 (1.85) の I を $G(\omega)$ と $H(e^{j\omega T})$ で表現せよ。

$$I = \sum_{n=-\infty}^{\infty} \{g(t_0+nT) * h_n\}^2 \tag{1.85}$$

[問 1.25] 式 (1.86) に示す系列 d_n がある。

$$\left.\begin{aligned} d_n &= a_n + jb_n & (0 \leq n \leq N-1) \\ &= 0 & (N \leq n \leq 2N-1) \end{aligned}\right\} \tag{1.86}$$

d_n の $2N$ 元 DFT を D_k，その実部を P_k とする。P_k の $2N$ 元 IDFT p_n を求めよ。

2. 確率過程

確率過程（random process, stochastic process）とは，ランダム信号やランダム雑音など，不確定な要素を含む信号の総称である．本章の目的は，本書においてしばしば登場する確率過程の計算に必要な関係式を要約して示すことにある．

確率過程には連続時間確率過程と離散時間確率過程がある．連続時間確率過程は，時刻 t に依存する確率変数である．離散時間確率過程は確率変数の時系列である．これらの確率過程の特性は，その自己相関関数と電力スペクトル密度によって記述される．

連続時間確率過程のうち特に重要なものは WSS と WSCS である．通信方式における雑音や干渉は，たいていの場合 WSS として扱われ，自己相関関数と電力スペクトル密度を用いて計算が行われる．また，ディジタル信号の多くが WSCS として扱われ，やはり，自己相関関数と電力スペクトル密度を用いて計算が行われる．

なお，本章でも，かなり多くの演習問題を準備したので，利用してほしい．

2.1 連続時間確率過程

2.1.1 自己相関関数

確率過程理論では，**自己相関関数**（autocorrelation function）が重要な役割を果たす．連続時間確率過程 $x(t)$ の自己相関関数を

$$E[x(t+\tau)x^*(t)]$$

で定義する．ただし，$E[\ ]$ は確率論における平均の記号である（これを期待

値あるいは集合平均と呼ぶ）。本書では，特に断らないかぎり，確率過程は実数とする。

2.1.2 WSS

〔1〕**定　　義**　正式な名称は**広義の定常確率過程**（wide sense stationary random process）あるいは**弱定常確率過程**（weakly stationary random process）であるが，ここではこれを WSS と略称する。

WSS とはつぎの条件を満足する確率過程である。

(1) 平　均　値　$E[x(t)]$ が t にかかわりなく一定である。

(2) 自己相関関数　$E[x(t+\tau)x(t)]$ が t に無関係で時間差 τ のみの関数である。

〔2〕**雑音モデルとの関係**　通信工学における雑音モデルには定常雑音とガウス雑音がある。定常雑音は平均値が 0 の WSS である。ガウス雑音は定常雑音の一種である。これらに関するたいていの計算は，以下の〔3〕～〔7〕に示す方法で行うことができる。

なお，ガウス雑音は平均値 0 の定常ガウス過程である。これについて知りたい場合には付録 C. および付録 D. を参照してほしい。

〔3〕**自己相関関数**　WSS $x(t)$ の自己相関関数を $R_x(\tau)$ とする。$R_x(\tau)$ は τ の偶関数であり，その最大値は $R_x(0)$ である。$R_x(0)$ は $x(t)$ の電力である。

〔4〕**電力スペクトル密度**　WSS $x(t)$ の**電力スペクトル密度**（power spectral density）$W_x(\omega)$ は，その自己相関関数 $R_x(\tau)$ のフーリエ変換である。すなわち式 (2.1) が成り立つ。

$$W_x(\omega) = \int_{-\infty}^{\infty} R_x(\tau) e^{-j\omega\tau} d\tau \tag{2.1}$$

$W_x(\omega)$ は $x(t)$ の 1 Hz 当りの電力である。$W_x(\omega)$ を周波数の全範囲にわたって積分すれば $x(t)$ の電力を得る。

〔5〕**LTI システム応答**　LTI システムのインパルス応答を $h(t)$, 伝達

関数を $H(\omega)$ とする。入力 WSS $x(t)$ の自己相関関数を $R_x(\tau)$,電力スペクトル密度を $W_x(\omega)$ とする。これに対する出力 $y(t)$ は WSS であり,その自己相関関数 $R_y(\tau)$,電力スペクトル密度 $W_y(\omega)$ に対して式 (2.2) が成り立つ。

$$\left.\begin{array}{l} R_y(\tau) = \displaystyle\int_{-\infty}^{\infty}\int_{-\infty}^{\infty} R_x(\tau-u+v)h(u)h(v)\,du\,dv \\ W_y(\omega) = |H(\omega)|^2 W_x(\omega) \end{array}\right\} \quad (2.2)$$

〔6〕 **白色 WSS**　電力スペクトル密度が $N_0/2$ の白色 WSS の自己相関関数は $(N_0/2)\delta(\tau)$ である。

〔7〕 **白色 WSS の BPF 応答**　ある BPF に,電力スペクトル密度が $N_0/2$ の白色 WSS を入力したときの出力 $x(t)$ を式 (2.3) で表す。ここで,$x_I(t)$ は同相成分,$x_Q(t)$ は直交成分である。

$$x(t) = x_I(t)\cos\omega_c t + x_Q(t)\sin\omega_c t \quad (2.3)$$

BPF の伝達関数を式 (2.4) のとおりとする。

$$H(\omega) = B(\omega-\omega_c) + B^*(-\omega-\omega_c) \quad (2.4)$$

ここでは,この等価低域伝達関数 $B(\omega)$ は ω_c に帯域制限されており,また,その振幅特性 $|B(\omega)|$ は偶だと仮定する。

この場合には $x_I(t)$ と $x_Q(t)$ は無相関な WSS となる。また,それらの電力スペクトル密度は式 (2.5) で与えられる。

$$W_I(\omega) = W_Q(\omega) = N_0|B(\omega)|^2 \quad (2.5)$$

なお,搬送波帯の雑音に関する詳しい取扱いについては,付録 B. の帯域 WSS を参照のこと。

2.1.3　WSCS

〔1〕 **定　義**　正式な名称は,**広義の周期定常確率過程**(wide sense cyclostationary random process),あるいは**弱周期定常確率過程**(weakly cyclostationary random process)であるが,ここではこれを WSCS と略称する。

つぎの条件を満足する確率過程 $x(t)$ を周期 T の WSCS という。
（1）平均値 $E[x(t)]$ が t について周期 T の周期関数である。
（2）自己相関関数 $E[x(t+\tau)x(t)]$ が t について周期 T の周期関数である。

ランダム変調されたベースバンドパルス列は WSCS である。

〔2〕 **電力スペクトル密度**　WSCS $x(t)$ の電力スペクトル密度 $W_x(\omega)$ は，その自己相関関数を t について平均してからフーリエ変換することにより求めることができる。これを次式に示す。

$$W_x(\omega) = \int_{-\infty}^{\infty} R_x(\tau) e^{-j\omega\tau} d\tau \tag{2.6}$$

$$R_x(\tau) = \frac{1}{T}\int_0^T E[x(t+\tau)x(t)] dt \tag{2.7}$$

〔3〕 **LTI システム応答**　LTI システムに WSCS を印加すると，その出力もやはり WSCS となる。ここでは，両者の自己相関関数および電力スペクトル密度の関係を示す。

LTI システムのインパルス応答を $h(t)$，伝達関数を $H(\omega)$ とする。入力 $x(t)$ を周期 T の WSCS とし，その自己相関関数を式 (2.8) で表す。$R_x^{(k)}(\tau)$ のフーリエ変換を $W_x^{(k)}(\omega)$ とする。

$$R_x(t+\tau,\ t) = \sum_{k=-\infty}^{\infty} R_x^{(k)}(\tau) e^{jk\omega_r t} \quad \left(\omega_r = \frac{2\pi}{T}\right) \tag{2.8}$$

出力 $y(t)$ の自己相関関数は次式のとおりになる。

$$R_y(t+\tau,\ t) = \sum_{k=-\infty}^{\infty} R_y^{(k)}(\tau) e^{jk\omega_r t} \tag{2.9}$$

$$R_y^{(k)}(\tau) = \int_{-\infty}^{\infty}\int_{-\infty}^{\infty} R_x^{(k)}(\tau-u+v) e^{-jk\omega_r v} h(u)h(v)\,du\,dv \tag{2.10}$$

また，$R_y^{(k)}(\tau)$ のフーリエ変換は式 (2.11) のとおりになる。

$$W_y^{(k)}(\omega) = H(\omega) H(-\omega + k\omega_r) W_x^{(k)}(\omega) \tag{2.11}$$

$x(t)$ の電力スペクトル密度は $W_x^{(0)}(\omega)$ である。$y(t)$ の電力スペクトル密度 $W_y^{(0)}(\omega)$ は式 (2.12) で与えられる。

$$W_y^{(0)}(\omega) = H(\omega) H(-\omega) W_x^{(0)}(\omega) \tag{2.12}$$

20   2. 確率過程

〔4〕 **帯域制限 WSCS**　　周期 T の WSCS が周波数 $1/(2T)$ 以下に帯域制限されれば，それは WSS となることが証明できる。

〔5〕 **WSCS の乗積変調**　　周期 T の WSCS $y(t)$ がある。これに $\cos(\omega_r t + \alpha_0)$ を乗算した結果を式 (2.13) の $z(t)$ とする。

$$z(t) = y(t)\cos(\omega_r t + \alpha_0) \qquad \left(\omega_r = \frac{2\pi}{T}\right) \tag{2.13}$$

$z(t)$ も周期 T の WSCS である。ここでは，$y(t)$ と $z(t)$ の自己相関関数および電力スペクトル密度の関係を示す。

$y(t)$ の自己相関関数を式 (2.14) で表す。$R_y{}^{(k)}(\tau)$ のフーリエ変換を $W_y{}^{(k)}(\omega)$ とする。

$$R_y(t+\tau,\ t) = \sum_{k=-\infty}^{\infty} R_y{}^{(k)}(\tau) e^{jk\omega_r t} \tag{2.14}$$

$z(t)$ の自己相関関数を式 (2.15) で表す。

$$R_z(t+\tau,\ t) = \sum_{k=-\infty}^{\infty} R_z{}^{(k)}(\tau) e^{jk\omega_r t} \tag{2.15}$$

$R_z{}^{(k)}(\tau)$ は式 (2.16) のとおりになる。

$$\begin{aligned}
R_z{}^{(k)}(\tau) =\ & \frac{1}{4} R_y{}^{(k-2)}(\tau)\, e^{j(\omega_r \tau + 2\alpha_0)} \\
& + \frac{1}{4} R_y{}^{(k)}(\tau)\, e^{j\omega_r \tau} \\
& + \frac{1}{4} R_y{}^{(k)}(\tau)\, e^{-j\omega_r \tau} \\
& + \frac{1}{4} R_y{}^{(k+2)}(\tau)\, e^{-j(\omega_r \tau + 2\alpha_0)}
\end{aligned} \tag{2.16}$$

また，$R_z{}^{(k)}(\tau)$ のフーリエ変換は式 (2.17) のとおりになる。

$$\begin{aligned}
W_z{}^{(k)}(\omega) =\ & \frac{1}{4} W_y{}^{(k-2)}(\omega - \omega_r)\, e^{j2\alpha_0} \\
& + \frac{1}{4} W_y{}^{(k)}(\omega - \omega_r) \\
& + \frac{1}{4} W_y{}^{(k)}(\omega + \omega_r) \\
& + \frac{1}{4} W_y{}^{(k+2)}(\omega + \omega_r)\, e^{-j2\alpha_0}
\end{aligned} \tag{2.17}$$

$z(t)$ の電力スペクトル密度 $W_z{}^{(0)}(\omega)$ は次式

$$W_z{}^{(0)}(\omega) = \frac{1}{4} W_y{}^{(-2)}(\omega - \omega_r)\, e^{j2a_0}$$

$$+ \frac{1}{4} W_y{}^{(0)}(\omega - \omega_r)$$

$$+ \frac{1}{4} W_y{}^{(0)}(\omega + \omega_r)$$

$$+ \frac{1}{4} W_y{}^{(2)}(\omega + \omega_r)\, e^{-j2a_0} \tag{2.18}$$

で与えられる。

2.2 離散時間確率過程

T 秒おきの確率変数の時系列

$$\cdots,\ x_{-2},\ x_{-1},\ x_0,\ x_1,\ x_2,\ \cdots$$

を x_n で表し，これを離散時間確率過程と呼ぶ。

2.2.1 自己相関関数

離散時間確率過程 x_n の自己相関関数を

$$E[x_{n+m} x_n^*]$$

で定義する。本書では，特に断らないかぎり確率過程は実数とする。

2.2.2 WSS

〔1〕 定　　義　　離散時間確率過程 x_n の平均値 $E[x_n]$ が n に依存せず，また，自己相関関数 $E[x_{n+m} x_n]$ が m のみの関数であるとき，これを WSS と呼ぶ。

〔2〕 自己相関関数　　WSS x_n の自己相関関数を $R_x(m)$ とする。$R_x(m)$ は m の偶関数である。また $R_x(0)$ は x_n の電力である。

〔3〕 **電力スペクトル密度**　WSS x_n の電力スペクトル密度 $W_x(e^{j\omega T})$ は，その自己相関関数 $R_x(m)$ のフーリエ変換であり，式 (2.19) で与えられる。

$$W_x(e^{j\omega T}) = \sum_{m=-\infty}^{\infty} R_x(m) e^{-jmT\omega} \tag{2.19}$$

逆に $R_x(n)$ は $W_x(e^{j\omega T})$ によって次式

$$R_x(n) = \frac{T}{2\pi} \int_{-\frac{\pi}{T}}^{\frac{\pi}{T}} W_x(e^{j\omega T}) e^{j\omega nT} d\omega \tag{2.20}$$

で与えられる。

〔4〕 **LTIシステム応答**　LTI システムの伝達関数を $H(e^{j\omega T})$ とする。これに対する入力 WSS x_n の電力スペクトル密度を $W_x(\omega)$ とする。これに対する出力 y_n は WSS であり，その電力スペクトル密度 $W_y(\omega)$ は次式

$$W_y(e^{j\omega T}) = |H(e^{j\omega T})|^2 W_x(e^{j\omega T}) \tag{2.21}$$

で与えられる。

2.3　WSSの標本化

連続時間 WSS $x(t)$ がある。この自己相関関数を $R_x(\tau)$，電力スペクトル密度を $W_x(\omega)$ とする。$x(t)$ を $t = t_0 + nT$ で標本化して得た離散時間 WSS を y_n とする。y_n の自己相関関数 $R_y(m)$ および電力スペクトル密度 $W_y(e^{j\omega T})$ は式 (2.22) のとおりになる。

$$\left. \begin{array}{l} R_y(m) = R_x(mT) \\ W_y(e^{j\omega T}) = \dfrac{1}{T} \sum_{n=-\infty}^{\infty} W_x\left(\omega - \dfrac{2\pi n}{T}\right) \end{array} \right\} \tag{2.22}$$

式 (2.22) の第 1 式から $R_y(0) = R_x(0)$ を得る。これは標本化の前後で電力が同じであることを意味している。

2.4 パルス列における例

2.4.1 WSCS の場合

式 (2.23) のベースバンド両極性信号 $s(t)$ がある.変調データ a_n は WSS とし,その平均値を m_a,自己相関関数を $R_a(m)$,電力スペクトル密度を $W_a(e^{j\omega T})$ とする.また $g(t)$ の周波数スペクトルを $G(\omega)$ とする.

$$s(t) = \sum_{n=-\infty}^{\infty} a_n g(t - nT) \tag{2.23}$$

(1) まず $s(t)$ の平均値および自己相関関数を求め,その結果から $s(t)$ が WSCS であることを示そう.

平均値は式 (2.24) のとおりになる.

$$E[s(t)] = E\left[\sum_{n=-\infty}^{\infty} a_n g(t - nT)\right] = \sum_{n=-\infty}^{\infty} E[a_n] g(t - nT)$$
$$= m_a \sum_{n=-\infty}^{\infty} g(t - nT) \tag{2.24}$$

式 (2.24) は t について周期 T の周期関数である.

自己相関関数は式 (2.25) のとおりになる.

$$E[s(t+\tau)s(t)] = E\left[\sum_{n=-\infty}^{\infty}\sum_{m=-\infty}^{\infty} a_n a_m g(t+\tau-nT) g(t-mT)\right]$$
$$= \sum_{n=-\infty}^{\infty}\sum_{m=-\infty}^{\infty} E[a_n a_m] g(t+\tau-nT) g(t-mT)$$
$$= \sum_{n=-\infty}^{\infty}\sum_{m=-\infty}^{\infty} R_a(n-m) g(t+\tau-nT) g(t-mT)$$
$$= \sum_{k=-\infty}^{\infty} R_a(k) \sum_{m=-\infty}^{\infty} g(t+\tau-mT-kT) g(t-mT) \tag{2.25}$$

式 (2.25) は t について周期 T の周期関数である.

平均値および自己相関関数がともに t について周期 T の周期関数であるから $s(t)$ は WSCS である.

(2) つぎに自己相関関数の t に対する平均値 $R_s(\tau)$ を求める.この計算

は式 (2.26) のとおりである。

$$R_s(\tau) = \sum_{k=-\infty}^{\infty} R_a(k) \frac{1}{T} \sum_{m=-\infty}^{\infty} \int_0^T g(t+\tau-mT-kT)g(t-mT)dt$$

$$= \sum_{k=-\infty}^{\infty} R_a(k) \frac{1}{T} \sum_{m=-\infty}^{\infty} \int_{-mT}^{T-mT} g(u+\tau-kT)g(u)du$$

$$= \sum_{k=-\infty}^{\infty} R_a(k) \frac{1}{T} \int_{-\infty}^{\infty} g(u+\tau-kT)g(u)du \qquad (2.26)$$

（3） 最後に $R_s(\tau)$ をフーリエ変換して $s(t)$ の電力スペクトル密度 $W_s(\omega)$ を求める。この計算は式 (2.27) のとおりである。

$$W_s(\omega) = \frac{1}{T} \int_{-\infty}^{\infty} \int_{-\infty}^{\infty} \sum_{k=-\infty}^{\infty} R_a(k) g(u+\tau-kT) g(u) e^{-j\omega\tau} du d\tau$$

$$= \frac{1}{T} \sum_{k=-\infty}^{\infty} R_a(k) e^{-jk\omega T} G(\omega) G(-\omega)$$

$$= \frac{1}{T} W_a(e^{j\omega T}) G(\omega) G(-\omega) \qquad (2.27)$$

2.4.2 WSS の場合

式 (2.28) に示す両極性信号 $s(t)$ がある。変調データ a_n の統計的性質は 2.4.1 項と同様とする。

$$s(t) = \sum_{n=-\infty}^{\infty} a_n g(t-nT+\xi) \qquad (2.28)$$

式 (2.28) の $s(t)$ は 2.4.1 項とほとんど同じだが，ランダムなクロック位相 ξ が存在するところが異なる†。ここで，ξ は区間 $(0, T)$ で一様分布する独立な確率変数とする。また，この $s(t)$ は WSS である。これを証明するとともに自己相関関数と電力スペクトル密度を求めよう。

（1） 平均値および自己相関関数はそれぞれ式 (2.29)，(2.30) のとおりになる。

$$E[s(t)] = \frac{m_a}{T} \int_{-\infty}^{\infty} g(u) du \qquad (2.29)$$

---

† ξ の存在は，この信号が非同期な第三者から見たものであることを意味している。すなわち，これは干渉信号のモデルだということができる。

$$E[s(t+\tau)s(t)] = \sum_{k=-\infty}^{\infty} R_a(k) \frac{1}{T} \int_{-\infty}^{\infty} g(u+\tau-kT)g(u)\,du \quad (2.30)$$

これらは t に依存しない。したがって，$s(t)$ は WSS である。

（2） $s(t)$ の電力スペクトル密度 $W_s(\omega)$ は自己相関関数のフーリエ変換である。計算の結果，式 (2.31) を得る。

$$W_s(\omega) = \frac{1}{T} W_a(e^{j\omega T}) G(\omega) G(-\omega) \quad (2.31)$$

2.4.1 項と 2.4.2 項の電力スペクトル密度は同じになる。このことは，両者の自己相関関数の計算が実質的に同じであることから当然である†。

2.4.3 WSS でも WSCS でもない場合

式 (2.32) の BPSK 信号 $s(t)$ は，一般には WSCS ではない（もちろん WSS でもない）。

$$s(t) = \sum_{n=-\infty}^{\infty} a_n g(t-nT) \cos \omega_c t \quad (2.32)$$

しかし，このクロックおよび搬送波位相を非同期化した式 (2.33) の $s(t)$ は WSS となる。ただし，ξ は区間 $(0, T)$ で一様分布する独立な確率変数，θ は区間 $(0, 2\pi)$ において一様分布する独立な確率変数である。

$$s(t) = \sum_{n=-\infty}^{\infty} a_n g(t-nT+\xi) \cos(\omega_c t + \theta) \quad (2.33)$$

変調データ a_n が等確率で ± 1 をとる独立な確率変数とすれば，式 (2.33) の $s(t)$ の電力スペクトル密度は式 (2.34) のとおりになる。

$$W_s(\omega) = \frac{1}{4T} |G(\omega-\omega_c)|^2 + \frac{1}{4T} |G(\omega+\omega_c)|^2 \quad (2.34)$$

ただし，$G(\omega)$ は $g(t)$ の周波数スペクトルである。

---

† 確率過程理論では，ランダム位相 ξ を random phase epoch と呼んでいる。一般に，WSCS に random phase epoch を導入すれば，それは WSS となる。また，WSCS の電力スペクトル密度は，その結果得られた WSS の電力スペクトル密度に等しいと定義する。2.4.1 項と 2.4.2 項は，この実例である。

演 習 問 題

[問 2.1] a は確率 p で -1 を,確率 $q = 1-p$ で 1 をとる確率変数である。$E[a]$,$E[a^2]$ および $E[a^3]$ を求めよ。

[問 2.2] a_n は等確率で ± 1 をとる独立な確率変数である(n は任意の整数)。$E[a_n]$ および $E[a_n a_m]$ を求めよ。

[問 2.3] a_n は等確率で ± 1 をとる独立な確率変数である(n は任意の整数)。確率過程 $\cdots$, a_{-2}, a_{-1}, a_0, a_1, a_2, $\cdots$ の自己相関関数 $R_a(k) = E[a_n a_{n+k}]$ を求めよ。

[問 2.4] a_n は等確率で 0,1 をとる独立な確率変数である(n は任意の整数)。確率過程 $\cdots$, a_{-2}, a_{-1}, a_0, a_1, a_2, $\cdots$ の自己相関関数 $R_a(k) = E[a_n a_{n+k}]$ を求めよ。

[問 2.5] a は確率 p で 0 を,確率 $1-p$ で 1 をとる確率変数とする。確率過程 $x(t) = a g(t)$ の自己相関関数 $R_x(t + \tau, t)$ を求めよ。

[問 2.6] θ を区間 $(0, 2\pi)$ で一様分布する独立な確率変数とする。確率過程 $y(t) = \cos(\omega_0 t + \theta)$ の自己相関関数 $R_y(t + \tau, t)$ を求めよ。

[問 2.7] 電力スペクトル密度が $N_0/2$ の白色定常雑音を遮断周波数が B の理想 LPF に印加した。出力雑音の電力スペクトル密度 $W(\omega)$ を図示せよ。また自己相関関数 $R(\tau)$ を求めよ。

[問 2.8] 式 (2.35) の $f(t)$ が t の周期関数であることを証明せよ。
$$f(t) = \sum_{n=-\infty}^{\infty} g(t + \tau - nT) g(t - nT) \tag{2.35}$$

[問 2.9] $g(t)$ の周波数スペクトルを $G(\omega)$ とする。式 (2.36) を証明せよ。
$$\int_{-\infty}^{\infty}\int_{-\infty}^{\infty} g(t+\tau) g(t) e^{-j\omega\tau} dt d\tau = G(\omega) G(-\omega) \tag{2.36}$$

[問 2.10] WSS $a(t)$ の自己相関関数を $R_a(\tau)$ とする。式 (2.37) の $b(t)$ の電力 P_b を求めよ。
$$b(t) = a(t) + a(t-T) \tag{2.37}$$

[問 2.11] WSS $x(t)$ の電力スペクトル密度を $W_x(\omega)$,自己相関関数を $R_x(\tau)$ とする。$x(t)$ を $t = t_0 + nT$ で標本化して得た離散時間 WSS を $y(n)$ と

する。$y(n)$ の自己相関関数 $R_y(k)$ と電力スペクトル密度 $W_y(e^{j\omega T})$ を求めよ。

[問 2.12] 電力スペクトル密度 $N_0/2$ の白色 WSS がある。これを遮断周波数 B の理想 LPF を通した後に標本化周期 $T = 1/(4B)$ で標本化した。標本化出力（離散時間 WSS）の電力スペクトル密度 $W(e^{j\omega T})$ を求め図示せよ。またその自己相関関数 $R(k)$ と電力 P を計算せよ。

[問 2.13] 電力スペクトル密度 $N_0/2$ の白色 WSS がある。これを遮断周波数 B の理想 LPF を通した後に標本化周期 $T = 1/(2B)$ で標本化した。標本化出力（離散時間 WSS）の電力スペクトル密度 $W(e^{j\omega T})$ を求め図示せよ。またその自己相関関数 $R(k)$ と電力 P を計算せよ。

[問 2.14] 電力スペクトル密度 $N_0/2$ の白色 WSS がある。これを遮断周波数 B の理想 LPF を通した後に標本化周期 $T = 1/B$ で標本化した。標本化出力（離散時間 WSS）の電力スペクトル密度 $W(e^{j\omega T})$ を求め図示せよ。またその自己相関関数 $R(k)$ と電力 P を計算せよ。

[問 2.15] 電力スペクトル密度 $N_0/2$ の白色 WSS がある。これを式 (2.38) に示す伝達関数 $H(\omega)$ をもつ LPF を通した後に標本化周期 T で標本化した。

$$\left.\begin{aligned} H(\omega) &= \cos\frac{\omega T}{4} \quad &\left(|\omega| \leq \frac{2\pi}{T}\right) \\ &= 0 \quad &\left(|\omega| > \frac{2\pi}{T}\right) \end{aligned}\right\} \quad (2.38)$$

標本化出力（離散時間 WSS）の電力スペクトル密度 $W(e^{j\omega T})$ を求め図示せよ。またその自己相関関数 $R(k)$ と電力 P を計算せよ。

[問 2.16] 電力スペクトル密度 $N_0/2$ の白色 WSS がある。これを式 (2.39) に示す伝達関数 $H(\omega)$ をもつ LPF を通した後に標本化周期 T で標本化した。

$$H(\omega) = \operatorname{sinc}\frac{\omega T}{2\pi} \quad (2.39)$$

標本化出力は白色 WSS となることを証明せよ。また，この電力ス

ペクトル密度 W_0 と電力 P を計算せよ。

[問 2.17] 電力スペクトル密度 $N_0/2$ の白色 WSS がある。これを式 (2.40) に示す時間制限インパルス応答 $h(t)$ をもつ LPF を通した後に標本化周期 T で標本化した。

$$h(t) = 0 \quad \left(|t| \geq \frac{T}{2}\right) \tag{2.40}$$

標本化出力は白色 WSS となることを証明せよ。また，この電力スペクトル密度 W_0 と電力 P を計算せよ。ただし，$h(t)$ のエネルギーを E_h とする。

[問 2.18] 式 (2.41) に示す確率過程 $s(t)$ がある。$g(t)$ の周波数スペクトルを $G(\omega)$ とする。a_n と b_n は平均値 0 の WSS とし，両者の自己相関関数はともに $R_a(k)$ で，電力スペクトル密度はともに $W_a(e^{j\omega T})$ とする。a_n と b_n は無相関であり任意の n, m に対して $E[a_n b_m] = 0$ が成り立つものとする。

$$s(t) = \sum_{n=-\infty}^{\infty} a_n g(t-nT)\cos\omega_c t + \sum_{n=-\infty}^{\infty} b_n g(t-nT)\sin\omega_c t \tag{2.41}$$

（1） $s(t)$ の自己相関関数 $R_s(t+\tau, t)$ を計算せよ。
（2） $s(t)$ が WSCS であることを証明せよ。
（3） $s(t)$ の電力スペクトル密度 $W_s(\omega)$ を計算せよ。

[問 2.19] 式 (2.42) に示す確率過程 $z(t)$ がある。ただし，$y(t)$ は [問 2.6] の WSS，$s(t)$ は 2.4.2 項の WSS である。

$$z(t) = y(t)s(t) \tag{2.42}$$

（1） $z(t)$ が WSS であることを証明し，その自己相関関数 $R_z(\tau)$，電力スペクトル密度 $W_z(\omega)$ を求めよ。
（2） $s(t)$ は両極性パルス列で，a_n は等確率で ±1 をとる独立な確率変数とする。$g(t)$ は振幅が 1，幅が T の方形とする。$z(t)$ の電力スペクトル密度 $W_z(\omega)$ を求めよ。
（3） $s(t)$ は単極性パルス列で，a_n は等確率で 0, 1 をとる独立な確率変数とする。$g(t)$ は振幅が 1，幅が T の方形とする。$z(t)$ の電力スペクトル密度 $W_z(\omega)$ を求めよ。

3. 識別受信器と符号誤り率

　識別受信器は，ディジタル信号（パルス列）の受信器として代表的なものである。これは，識別時点としきい値を設定し，識別時点における入力振幅（信号プラス雑音）をしきい値と比較することにより，送信データを推定する機能を有する。

　本章では，まず，ディジタル通信方式の簡単なモデルを示し，単極性伝送の場合を例にとって，識別受信器の動作を説明する。つぎに，ガウス雑音振幅の確率分布について述べ，振幅が所定の値を超える確率を計算するため，関数 $Q(z)$ を導入する。最後に二，三の通信方式モデルを示し，ガウス雑音による符号誤り率の計算結果を示す。

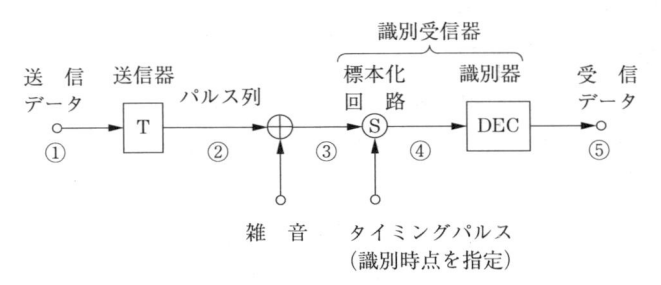

3.1 ディジタル通信方式のモデルと識別受信器の動作

3.1.1 ディジタル通信方式のモデル，構成と機能

　図 3.1 にディジタル通信方式のモデルを示す。送信端 ① からの送信データは送信器によってパルス列に変換され，送信される。受信側ではこれに雑音が

図 3.1　ディジタル通信方式のモデル

加わったものが識別受信器に入力される。識別受信器は標本化回路と識別器からなる。標本化回路は，タイミングパルスによって指定される識別時点においてその入力を標本化する。識別器は，その標本値を識別し，受信データを出力する。

3.1.2 信号波形の例

ここでは単極性伝送を仮定し，図3.1において，送信データが1の場合には，送信パルス振幅は A_s とし，0の場合には0とする。図3.1の各部における信号波形の例を**図3.2**に示す。なお，雑音の影響については後述する。

（a）①における
　　　送信データ　　　　　1　1　0　1　0

（b）②，③におけ
　　　るパルス波形　　　　　　　　　　　　A_s

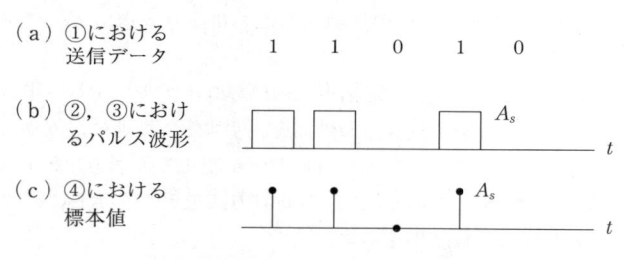

（c）④における
　　　標本値　　　　　　　　　　　　　　　A_s

図3.2　波形の例（単極性伝送方式）

図3.2（a）は，図3.1の①における送信データが11010の場合を示している。図3.2（b），（c）はこれに対応するもので，図（b）は，②および③におけるパルス列を[†]，図（c）は④における信号の標本値を示す。

3.1.3 識別特性と符号誤りの発生条件

図3.2では，雑音がない場合の信号波形を説明した。しかし実際には雑音が存在し，信号と雑音の重畳波形の標本値が識別器に印加され，その結果，符号誤りが発生する。この状況を**図3.3**によって説明する。

図3.3は，識別器の入出力特性すなわち識別特性を示すもので，横軸はその入力振幅（信号プラス雑音の標本値）であり，縦軸はそれに対する出力であ

---

† ここでは，説明を簡単にするため，伝送路の減衰，ひずみ，遅延時間などは存在しないとしている。したがって，③の波形は②と同じになる。

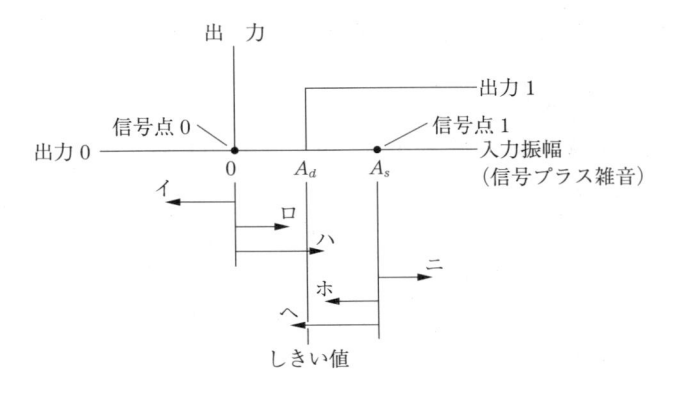

図 3.3 識別特性と雑音の影響（単極性伝送方式）

る．ここでは単極性伝送としているため，入力振幅がしきい値 A_d を下回れば出力は 0，上回れば出力は 1 となる．

　ここで，データ 0 が送信された場合を考えると，これに対するパルス振幅は 0 である（信号点 0 がこれを示している）．これに矢印の雑音が加わったときには「イ，ロ，ハ」の場合が考えられる．「イ，ロ」では誤りは生じないが，「ハ」では誤りが発生する．

　つぎに，データ 1 が送信された場合を考えると，これに対するパルス振幅は A_s である（信号点 1 がこれを示している）．これに矢印の雑音が加わったときには「ニ，ホ，ヘ」の場合が考えられる．「ニ，ホ」では誤りは生じないが，「ヘ」では誤りが発生する．要するに，信号点を起点とする雑音ベクトルがしきい値を横切ると符号誤りが発生する．

3.2 ガウス雑音振幅の確率分布

　電力が σ^2 のガウス雑音がある．この振幅 x の確率密度関数 $p(x)$ は式 (3.1) で与えられる（正規分布，ガウス分布）．

$$p(x) = \frac{1}{\sigma\sqrt{2\pi}} e^{-\frac{x^2}{2\sigma^2}} \tag{3.1}$$

ここで，関数 $Q(z)$ を式 (3.2) で定義する．

$$Q(z) = \frac{1}{\sqrt{2\pi}} \int_z^\infty e^{-\frac{u^2}{2}} du \tag{3.2}$$

電力が σ^2 のガウス雑音の振幅 x が，与えられた値 A_d を上回る確率 $P(x > A_d)$ は式 (3.3) のとおりになる．

$$P(x > A_d) = \int_{A_d}^\infty p(x)\,dx = Q\left(\frac{A_d}{\sigma}\right) \tag{3.3}$$

また，このガウス雑音の振幅 x が，与えられた領域 (A_{d1}, A_{d2}) に入る確率 $P(A_{d1} < x < A_{d2})$ は式 (3.4) のとおりになる．

$$P(A_{d1} < x < A_{d2}) = Q\left(\frac{A_{d1}}{\sigma}\right) - Q\left(\frac{A_{d2}}{\sigma}\right) \tag{3.4}$$

さらに式 (3.5) も成り立つ．ただし $A_d > 0$ とする．

$$P(x < -A_d) = P(x > A_d) = Q\left(\frac{A_d}{\sigma}\right) \tag{3.5}$$

関数 $Q(z)$ のグラフを**図 3.4** に，数表を**表 3.1** に示す．

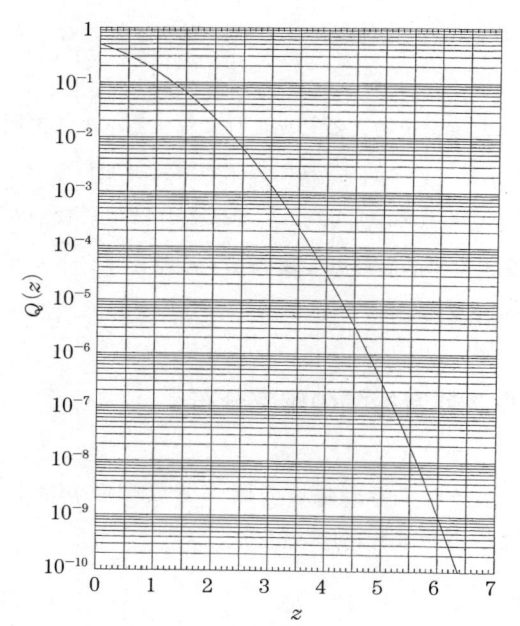

図 3.4 関数 $Q(z)$ のグラフ

表 3.1 関数 $Q(z)$ の数表

z	$Q(z)$	z	$Q(z)$	z	$Q(z)$
0	0.500 00	3.6	$1.591\,1 \times 10^{-4}$	1.281 6	10^{-1}
0.2	0.420 74	3.8	$7.234\,8 \times 10^{-5}$	2.326 4	10^{-2}
0.4	0.344 58	4.0	$3.167\,1 \times 10^{-5}$	3.090 2	10^{-3}
0.6	0.274 25	4.2	$1.334\,6 \times 10^{-5}$	3.719 0	10^{-4}
0.8	0.211 86	4.4	$5.412\,5 \times 10^{-6}$	4.264 9	10^{-5}
1.0	0.158 66	4.6	$2.112\,5 \times 10^{-6}$	4.753 4	10^{-6}
1.2	0.115 07	4.8	$7.933\,3 \times 10^{-7}$	5.199 3	10^{-7}
1.4	$8.075\,7 \times 10^{-2}$	5.0	$2.866\,5 \times 10^{-7}$	5.612 0	10^{-8}
1.6	$5.479\,9 \times 10^{-2}$	5.2	$9.964\,4 \times 10^{-8}$	5.997 8	10^{-9}
1.8	$3.593\,0 \times 10^{-2}$	5.4	$3.332\,0 \times 10^{-8}$	6.361 3	10^{-10}
2.0	$2.275\,0 \times 10^{-2}$	5.6	$1.071\,8 \times 10^{-8}$	6.706 0	10^{-11}
2.2	$1.390\,3 \times 10^{-2}$	5.8	$3.315\,8 \times 10^{-9}$	7.034 5	10^{-12}
2.4	$8.197\,5 \times 10^{-3}$	6.0	$9.865\,9 \times 10^{-10}$	7.348 8	10^{-13}
2.6	$4.661\,2 \times 10^{-3}$	6.2	$2.823\,2 \times 10^{-10}$	7.650 6	10^{-14}
2.8	$2.555\,1 \times 10^{-3}$	6.4	$7.768\,9 \times 10^{-11}$		
3.0	$1.349\,9 \times 10^{-3}$	6.6	$2.055\,8 \times 10^{-11}$		
3.2	$6.871\,4 \times 10^{-4}$	6.8	$5.231\,0 \times 10^{-12}$		
3.4	$3.369\,3 \times 10^{-4}$	7.0	$1.279\,8 \times 10^{-12}$		

3.3 符号誤り率の計算例

識別器入力雑音は，電力が σ^2 のガウス雑音とする．

3.3.1 単極性伝送方式

送信データ 0 の発生確率を p_0，送信データ 1 の発生確率を p_1 とする．当然 $p_0 + p_1 = 1$ である．送信データ 0 に対する識別器入力信号振幅は 0，送信データ 1 に対する識別器入力信号振幅は A_s とする（**表 3.2**）．

表 3.2 送信データの発生確率と識別器入力信号振幅（単極性伝送方式）

送信データ	発 生 確 率	識別器入力信号振幅
0	p_0	0
1	p_1	A_s

図 3.3 の識別特性を用い,しきい値を A_d とする。ビット誤り率 P_b は式 (3.6) のとおりになる。

$$P_b = p_0 Q\left(\frac{A_d}{\sigma}\right) + p_1 Q\left(\frac{A_s - A_d}{\sigma}\right) \tag{3.6}$$

3.3.2 両極性伝送方式

送信データ 0 の発生確率を p_0,送信データ 1 の発生確率を p_1 とする。当然 $p_0 + p_1 = 1$ である。送信データ 0 に対する識別器入力信号振幅は $-A_s$,送信データ 1 に対する識別器入力信号振幅は A_s とする (**表 3.3**)。

図 3.5 の識別特性を用いる (しきい値は 0 とする)。ビット誤り率 P_b は式 (3.7) のとおりになる。

$$P_b = Q\left(\frac{A_s}{\sigma}\right) \tag{3.7}$$

表 3.3 送信データの発生確率と識別器入力信号振幅(両極性伝送方式)

送信データ	発生確率	識別器入力信号振幅
0	p_0	$-A_s$
1	p_1	A_s

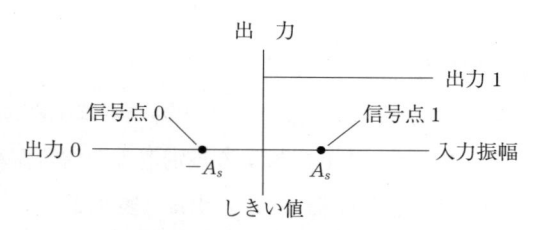

図 3.5 両極性伝送方式における識別特性

3.3.3 4 値 伝 送 方 式

図 3.6 の 4 値伝送方式において,① における 0,1 の発生確率はともに 0.5 である。符号器は 2 進符号を 2 bit ずつまとめて 4 進符号に変換する。送信器はこの 4 進符号を 4 値パルスに変換する。この変換特性を**表 3.4** に示す。識別

3.3 符号誤り率の計算例

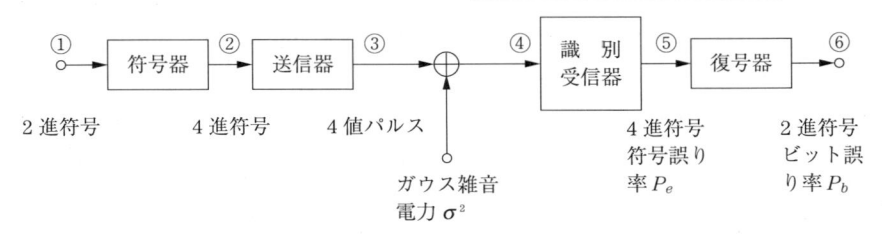

図3.6 4値伝送方式

表3.4 図3.6の送信器の変換特性

4進符号	発生確率	識別器入力パルス振幅
0 0	1/4	-3
0 1	1/4	-1
1 0	1/4	1
1 1	1/4	3

受信器では,信号(4値パルス)と雑音の振幅和が識別器に印加される。識別時点における識別器入力パルス振幅は表3.4のパルス振幅と同じとする。識別特性を**図3.7**のとおりとする。復号器は4進符号を2進符号に変換する。

⑤における4進符号の符号誤り率 P_e は式(3.8)のとおりになる。

$$P_e = \frac{3}{2} Q\left(\frac{1}{\sigma}\right) \tag{3.8}$$

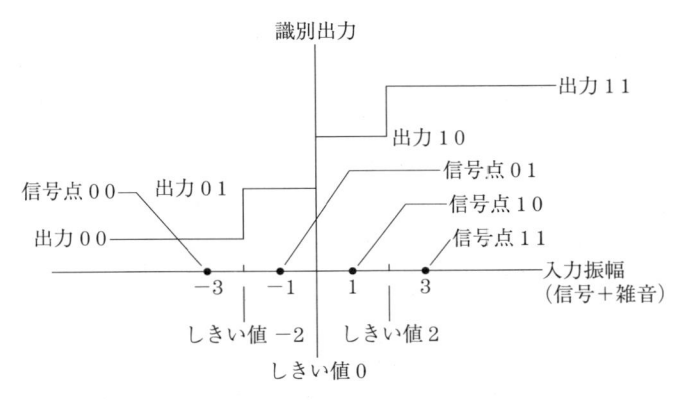

図3.7 識別特性(4値伝送方式)

また，⑥における2進符号のビット誤り率 P_b は式 (3.9) のとおりになる。

$$P_b = Q\left(\frac{1}{\sigma}\right) - \frac{1}{4}Q\left(\frac{3}{\sigma}\right) + \frac{1}{4}Q\left(\frac{5}{\sigma}\right) \tag{3.9}$$

演 習 問 題

[問 3.1] ガウス雑音が存在する両極性伝送方式において，識別器入力における信号対雑音比を ρ とすれば，ビット誤り率 P_b は式 (3.10) で与えられる。

$$P_b = Q(\sqrt{\rho}) \tag{3.10}$$

ビット誤り率 10^{-9} に対する信号対雑音比（dB値）を求めよ。ただし，必要な数値は関数 $Q(z)$ の表から読み取ること。

[問 3.2] 3値伝送方式において送信データの発生確率と識別器入力信号振幅は**表 3.5** のとおりである。しきい値を $\pm A_d$ として符号誤り率 P_e を求めよ。ただし，識別器入力におけるガウス雑音電力を σ^2 とする。

表 3.5 送信データの発生確率と識別器入力信号振幅（3値伝送方式）

送信データ	発生確率	識別器入力信号振幅
0	p_0	$-A_s$
1	p_1	0
2	p_2	A_s

表 3.6 送信データの発生確率と識別器入力信号振幅（AMI伝送方式）

送信データ	発生確率	識別器入力信号振幅
0	p_0	0
1	p_1	$\pm A_s$（交互）

[問 3.3] AMI伝送方式において送信データの発生確率と識別器入力信号振幅は**表 3.6** のとおりである。しきい値を $\pm A_d$ としてビット誤り率 P_b を求めよ。ただし，識別器入力におけるガウス雑音電力を σ^2 とする。なお，AMI については参考文献 5) を参照のこと。

4. フィルタ受信器と相関受信器

　信号には必ず雑音が伴う。その受信に際しては，信号対雑音比をできるだけ大きくするように受信器を設計することが望まれる。ディジタル通信方式においては，一般に，信号対雑音比を大きくすれば，符号誤り率は小さくなる。劣化要因としてガウス雑音のみが存在する識別受信器は，この代表的な例である。フィルタ受信器と相関受信器は受信器の基本的な形態であり，通信方式の構成要素として不可欠なものである。本章においては，これらの受信器による孤立パルスの受信を対象として，信号対雑音比の最大値とそのための条件を明らかにする。

　受信器入力における雑音としては定常雑音を仮定する。これは平均値が0のWSSであり，雑音モデルとして最も一般的なものである（WSSについては2章参照）。ガウス雑音は定常雑音の特殊ケースである。したがって，ここでの結論はガウス雑音の場合にそのまま当てはまる。

4.1　フィルタ受信器

4.1.1　構成と出力SNR

ここで用いる用語はつぎのとおりである。

（1）　フィルタ受信器　　フィルタと標本化回路の縦続回路

（2）　SNR　　**信号対雑音比**（signal to noise ratio）

（3）　PSD　　**電力スペクトル密度**（power spectral density）

　ここでの雑音とは，2章で述べた定常雑音であり，そのフィルタ通過後および標本化後の電力は，2.1.2項および2.3節において示した式によって計算できる。

4. フィルタ受信器と相関受信器

図 4.1 のフィルタ受信器において，①から入力信号 $g(t)$ が，②から白色雑音（PSD $N_0/2$）が印加されている．これらは受信フィルタを通過後，標本化回路で $t=0$ で標本化され，⑤の出力となる．ここでは⑤における SNR ρ を計算する．

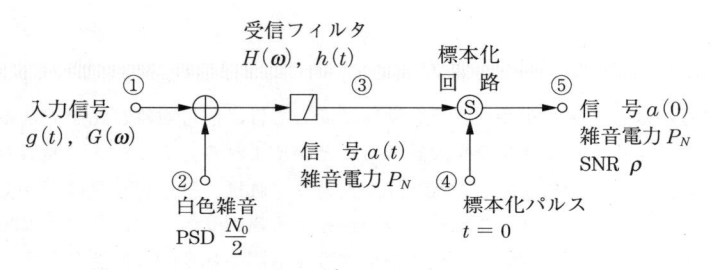

図 4.1 フィルタ受信器の構成

受信フィルタのインパルス応答を $h(t)$ とすれば，③における信号 $a(t)$ および⑤における信号 $a(0)$ はそれぞれ

$$a(t) = g(t) * h(t) = \int_{-\infty}^{\infty} g(x) h(t-x) \, dx \tag{4.1}$$

$$a(0) = \int_{-\infty}^{\infty} g(x) h(-x) \, dx \tag{4.2}$$

のとおりになる．

つぎに雑音の計算を行う．受信フィルタの伝達関数を $H(\omega)$ とすれば③における雑音電力（平均電力）P_N は式 (4.3) で与えられる．また⑤における雑音電力もこれに等しい（WSS なので標本化の前後で電力は等しい）．

$$P_N = \frac{N_0}{4\pi} \int_{-\infty}^{\infty} |H(\omega)|^2 d\omega \tag{4.3}$$

式 (4.3) は次式

$$P_N = \frac{N_0}{2} \int_{-\infty}^{\infty} h^2(t) \, dt \tag{4.4}$$

のように書き直すことができる．

以上の結果，求める SNR ρ は式 (4.5) のとおりになる．

$$\rho = \frac{a^2(0)}{P_N} = \frac{\left\{\int_{-\infty}^{\infty} g(t)\,h(-t)\,dt\right\}^2}{\dfrac{N_0}{2}\int_{-\infty}^{\infty} h^2(-t)\,dt} \tag{4.5}$$

4.1.2 SNRの最大値とそのための条件

図 4.1 において，入力信号および入力雑音は与えられているが，受信フィルタ特性は任意に選ぶことができるものとする．この条件のもとで得ることができる SNR ρ の最大値を知りたい．また，そのときの受信フィルタ特性を知りたい．この問題に対する答は以下のとおりである．

（1） SNR ρ の最大値

$$\rho = \frac{2\,E_g}{N_0} \tag{4.6}$$

（2） 式 (4.6) に対する受信フィルタのインパルス応答

$$h(t) = kg(-t) \tag{4.7}$$

ただし，E_g は入力信号 $g(t)$ のエネルギーであり，式 (4.8) で与えられる．また，k は任意係数である．

$$E_g = \int_{-\infty}^{\infty} g^2(t)\,dt \tag{4.8}$$

なお，式 (4.7) を周波数領域に書き直せば式 (4.9) のとおりになる．

$$H(\omega) = kG^*(\omega) \tag{4.9}$$

ただし，$H(\omega)$ は受信フィルタの伝達関数，$G(\omega)$ は入力信号の周波数スペクトルである．

【証　明】　式 (4.10) はつねに成り立つ．

$$\int_{-\infty}^{\infty} \{bg(t) - h(-t)\}^2 dt \geq 0 \tag{4.10}$$

式 (4.10) を書き直せば式 (4.11) を得る．

$$b^2 \int_{-\infty}^{\infty} g^2(t)\,dt - 2\,b \int_{-\infty}^{\infty} g(t)\,h(-t)\,dt + \int_{-\infty}^{\infty} h^2(-t)\,dt \geq 0 \tag{4.11}$$

式 (4.11) は b の二次方程式であるから，判別式は式 (4.12) のとおりになる．

$$\left\{\int_{-\infty}^{\infty} g(t)\,h(-t)\,dt\right\}^2 \leq \int_{-\infty}^{\infty} g^2(t)\,dt \int_{-\infty}^{\infty} h^2(-t)\,dt \tag{4.12}$$

式 (4.12) はいわゆるシュワルツ (Schwarz) の不等式である. 式 (4.5) にこれを適用すれば式 (4.13) を得る.

$$\rho = \frac{\left\{\int_{-\infty}^{\infty} g(t)\,h(-t)\,dt\right\}^2}{\dfrac{N_0}{2}\int_{-\infty}^{\infty} h^2(-t)\,dt} \leqq \frac{2}{N_0}\int_{-\infty}^{\infty} g^2(t)\,dt \tag{4.13}$$

式 (4.13) で，等号が成り立つのは $h(-t)$ が $g(t)$ に比例する場合である. したがって式 (4.6) および式 (4.7) を得る.

4.1.3 整合フィルタとその特性

（1） 式 (4.7) において，任意係数 k を 1 とした場合の受信フィルタを，入力信号 $g(t)$ に対する**整合フィルタ** (matched filter) と呼ぶ. 整合フィルタの要点は以下のとおりである.

（a） フィルタ受信器の出力 SNR は，受信フィルタとして，入力信号に対する整合フィルタを用いることにより最大になる.

（b） この SNR の最大値は入力信号の波形には依存せず，そのエネルギーと入力白色雑音の PSD との比で与えられる.

（c） 整合フィルタのインパルス応答は，入力信号波形の時間を正負逆転したものである.

（d） 整合フィルタの伝達関数は，入力パルス周波数スペクトルの共役複素数である.

以下に，整合フィルタに関する若干の性質を述べる.

（2） 図 4.2 に示すように，$g(t)$ をその整合フィルタに入力したときの出力を $a(t)$ とする. $a(t)$ にはつぎの性質がある.

（a） $a(t)$ は対称波形である.

（b） $a(t)$ の最大値は $a(0)$ である.

（c） $a(0)$ は $g(t)$ のエネルギー E_g に等しい.

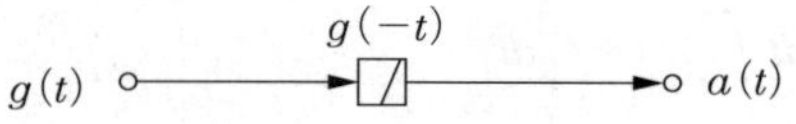

図 4.2 $g(t)$ をその整合フィルタに入力したときの出力 $a(t)$

4.1 フィルタ受信器

（d） $g(t)$ のパルス幅が T であれば $a(t)$ のパルス幅は $2T$ となる。

【証 明】 （a） $a(t)$ は式 (4.14) で与えられる。

$$a(t) = g(t) * g(-t) = \int_{-\infty}^{\infty} g(x)g(x-t)\,dx \tag{4.14}$$

ここで，$x - t = y$ とおけば式 (4.15) を得る。

$$a(t) = \int_{-\infty}^{\infty} g(y)g(y+t)\,dy = a(-t) \tag{4.15}$$

したがって，$a(t)$ は対称波形である。

（b） 式 (4.16) が成り立つ。

$$\int_{-\infty}^{\infty} \{g(x) - g(x-t)\}^2 dt \geq 0 \tag{4.16}$$

式 (4.16) を計算すると式 (4.17) を得る。

$$a(0) \geq a(t) \tag{4.17}$$

したがって，$a(t)$ の最大値は $a(0)$ である。

（c） 式 (4.14) より式 (4.18) を得る。

$$a(0) = \int_{-\infty}^{\infty} g^2(x)\,dx \tag{4.18}$$

ゆえに $a(0)$ は $g(t)$ のエネルギー E_g に等しい。

（d） 省 略

（3） 図 4.3 に示すように，$g(t)$ に対する整合フィルタに $Ag(t-t_0)$ を入力し，その出力を $t = t_0$ で標本化する。標本化出力の SNR ρ は式 (4.19) で与えられる。ただし，E_g は $g(t)$ のエネルギーである。

$$\rho = \frac{2A^2 E_g}{N_0} \tag{4.19}$$

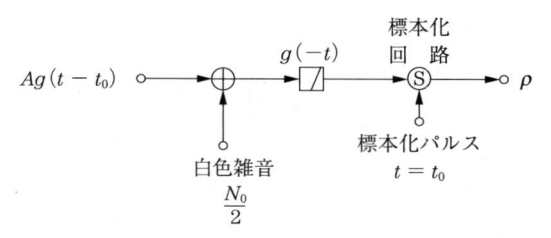

図 4.3 入力が $Ag(t - t_0)$ の場合

これは，整合フィルタが LTI システムであり，線形，時不変性を有することから当然の結果である。

4.1.4 整合フィルタの例

〔1〕 **方形パルスの場合**　入力信号 $g(t)$ を，中心が $t=0$ にあり，幅が T，振幅が 1 の方形とする。これに対する整合フィルタのインパルス応答もやはり $g(t)$ である。$g(t)$ の整合フィルタ応答 $a(t)$ は，中心が $t=0$ にあり，幅が $2T$，振幅が T の二等辺三角形となる。

〔2〕 **方形スペクトルの場合**　入力信号 $g(t)$ の周波数スペクトル $G(\omega)$ を，中心が $\omega=0$ にあり，幅が $2\omega_c$，振幅が 1 の方形とする。$g(t)$ は式 (4.20) で与えられる。

$$g(t) = \frac{\omega_c}{\pi} \operatorname{sinc} \frac{\omega_c t}{\pi} \tag{4.20}$$

これに対する整合フィルタのインパルス応答もやはり $g(t)$ である。また $g(t)$ の整合フィルタ応答 $a(t)$ もやはり $g(t)$ に等しい。

以上のことがらは周波数領域で考えれば理解しやすい。

4.2　相　関　受　信　器

4.2.1 構　成　と　特　性

図 4.4 に示すように，入力信号と局部信号の積の積分を出力する受信器を相関受信器という。

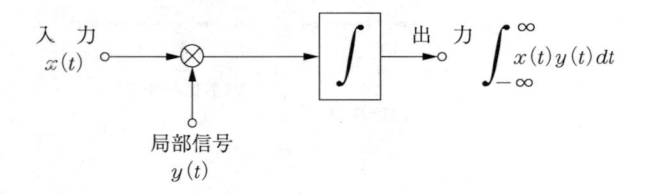

図 4.4　局部信号を $y(t)$ とする相関受信器

4.2.2 フィルタ受信器との等価性,SNR最大受信

図4.4の相関受信器では,入力信号が $x(t)$,局部信号が $y(t)$ であり,出力は $x(t)y(t)$ の積分となる。**図4.5**に,入力信号が $x(t)$ で,受信フィルタのインパルス応答が $y(-t)$ であるフィルタ受信器を示す。この出力はやはり $x(t)y(t)$ の積分となる。

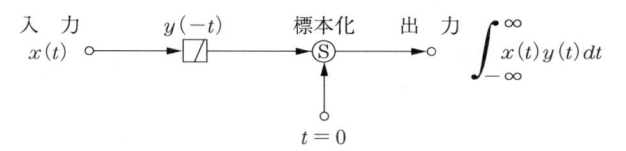

図4.5 受信フィルタのインパルス応答を $y(-t)$ とするフィルタ受信器

図4.4と図4.5は任意の入力に対して同じ働きをする。これは信号のみならず雑音に対しても同じである。図4.5の入力にPSDが $N_0/2$ の白色雑音を印加したときの出力雑音電力は $(N_0/2)E_y$ である。したがって,図4.4の入力に同じ白色雑音を印加したときの出力雑音電力はやはり $(N_0/2)E_y$ となる。ただし,E_y は $y(t)$ のエネルギーである。

以上述べた理由により,相関受信器を用いても,フィルタ受信器と同様に,SNR最大の受信を行うことができる。**図4.6**にこれを示す。

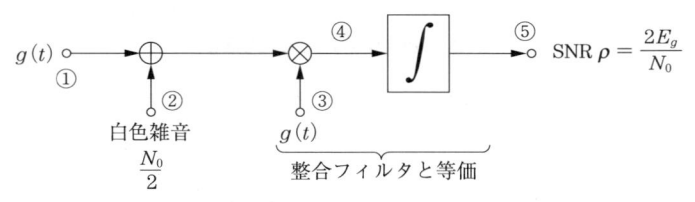

図4.6 相関受信器によるSNR最大受信

図4.6では,①から入力信号 $g(t)$ と②から白色雑音(PSD $N_0/2$)が相関受信器に印加されている。相関受信器は,局部信号を $g(t)$ とすることにより,整合フィルタと等価になり,その出力SNRは最大値 $2E_g/N_0$ となる。

以上述べたことがらをまとめるとつぎのとおりになる。
（1） 相関受信器の出力SNRは，局部信号を入力信号と同じにすることによって，最大になる。
（2） このSNRの最大値は入力信号の波形には依存せず，そのエネルギーと入力白色雑音のPSDとの比で与えられる。

4.2.3 相関受信器の例

図4.7の相関受信器に対する入力信号$g(t)$は，中心が$t=0$で，幅がTの方形パルスである。この場合には，局部信号の乗算は不要であり，単に積分範囲を$(-T/2, T/2)$に限定すればよいことは明らかである。これをintegrate-and-dump receiverと呼ぶ。

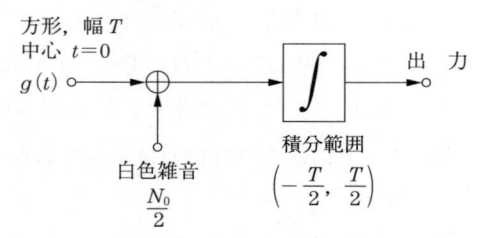

図4.7 方形パルス入力に対する相関受信器

4.3 種々の受信方式

ここでは，式(4.21)の$f(t)$を一つの信号と見なして受信する場合の例を示す。

$$f(t) = a_1 g(t) + a_2 g(t-T) + a_3 g(t-2T) \tag{4.21}$$

ただし，式(4.22), (4.23)の条件が成り立つものとする。

$$g(t) * g(-t) = a(t) \tag{4.22}$$

$$a(nT) = 0 \quad (n \neq 0) \tag{4.23}$$

また，$g(t)$のエネルギーをE_gとする。

4.3 種々の受信方式

図 4.8 はこの $f(t)$ に対する3種類の受信器を示している。図（a）は整合フィルタ受信器，図（b）は相関受信器である。図（c）はパルス波形 $g(t)$ に対する整合フィルタ，標本化回路および相関器からなる。相関器は，標本化回路の出力と変調データとの相関を計算し出力する。これらの受信器はすべて同じ結果を与える。すなわち，出力信号 E_f および出力 SNR ρ はそれぞれ式 (4.24)，(4.25) のとおりになる。

$$E_f = (a_1{}^2 + a_2{}^2 + a_3{}^2) E_g \tag{4.24}$$

$$\rho = \frac{2 E_f}{N_0} \tag{4.25}$$

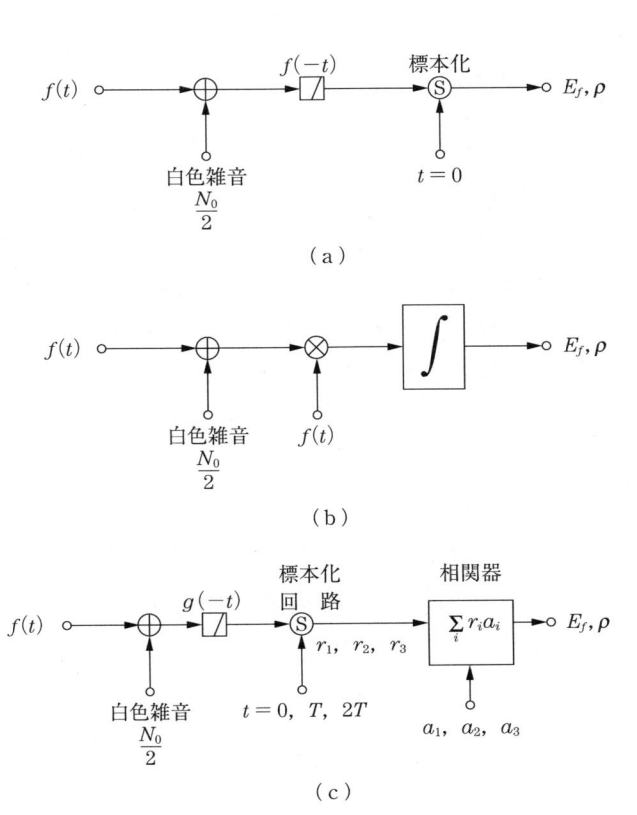

（a）

（b）

（c）

図 4.8 種々の受信方式

演 習 問 題

[問 4.1] 局部信号が $g(t)$ の相関受信器の入力に PSD が $N_0/2$ の白色雑音を印加した。出力雑音電力 P_N を求めよ。ただし, $g(t)$ のエネルギーを E_g とする。ここで, 入力雑音は WSS であるから, 2.1.2 項に示した WSS の理論を用いて計算すること。

[問 4.2] エネルギーが 10^{-18} J の信号を雑音指数が 16 dB の増幅器で増幅し, つぎに, 整合フィルタを用いるフィルタ受信器で受信した。受信出力の SNR ρ を求め dB で示せ。ただし, ボルツマン定数 k と絶対温度 T_a の積は 4×10^{-21} W/Hz とする。

[問 4.3] $a(t)$ は式 (4.26) で与えられる。
$$g(t)*g(-t)=a(t) \tag{4.26}$$
（1） 式 (4.27) を計算し $a(t)$ で表せ。
$$g(t)*g(-t-T), \quad g(t)*g(-t-2T) \tag{4.27}$$
（2） 式 (4.28) を計算し $a(t)$ で表せ。
$$\left. \begin{array}{l} g(t-T)*g(-t), \quad g(t-T)*g(-t-T), \\ g(t-T)*g(-t-2T) \end{array} \right\} \tag{4.28}$$
（3） 式 (4.29) を計算し $a(t)$ で表せ。
$$\left. \begin{array}{l} g(t-2T)*g(-t), \quad g(t-2T)*g(-t-T), \\ g(t-2T)*g(-t-2T) \end{array} \right\} \tag{4.29}$$

[問 4.4] （1） 図 4.8 (a) の出力信号 E_f を計算せよ。
（2） 図 4.8 (b) の出力信号 E_f を計算せよ。
（3） 図 4.8 (c) の出力信号 E_f を計算せよ。
（4） 図 4.8 (c) の出力雑音電力 P_N を計算せよ。ここで, 入力雑音は WSS であるから, 2.1.2 項に示した WSS の理論を用いて計算すること。

5. 基本的な通信方式の構成と特性

ディジタル通信方式は，線形変調方式と非線形変調方式に大別される。線形変調方式とは，伝送信号が変調データの一次式で記述される方式である。一方，非線形変調方式とは，伝送信号が変調データの高次の関数となる方式である。

ディジタル通信技術の発展，拡大に伴い，周波数スペクトルの効率的利用の重要性がますます高まってきている。この要求を満たすためには，線形変調方式が適している。本章では，線形変調方式のうち特に重要なものとして，整合フィルタ受信とゼロ符号間干渉条件を満足する方式構成を対象とする。

まず，準備として，波形伝送モデルとその条件を示す。つぎにその条件を満足するベースバンド PAM，ASK および QAM の方式モデルを示し，その各ポートにおける信号および雑音を定式化する。さらにこの結果を用いて，両極性伝送方式，4値 PAM，BPSK，4値 ASK，QPSK，16 QAM などの符号誤り率を計算する。最後に，これらの結果を具体的な回線設計に適用する。

5.1 波形伝送モデルとその条件

図 5.1 の波形伝送モデルにおいて入力波形を $g_T(t)$，その周波数スペクトルを $G_T(\omega)$ とし，受信フィルタのインパルス応答を $g_R(t)$，伝達関数を $G_R(\omega)$ とする。出力波形 $g(t)$ とその周波数スペクトル $G(\omega)$ は次式を満足する。

$$g(t) = g_T(t) * g_R(t) \tag{5.1}$$

$$G(\omega) = G_T(\omega) G_R(\omega) \tag{5.2}$$

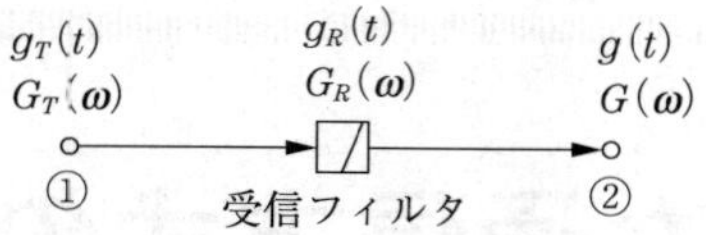

図 5.1 波形伝送モデル

後述する各種方式ではつぎの条件のもとでこれらの関数を共通に用いる。

(条件 1) 受信フィルタはその入力パルス波形 $g_T(t)$ に対する整合フィルタとする。これを式で書けば式 (5.3) のとおりである。

$$g_R(t) = g_T(-t) \tag{5.3}$$

この周波数領域表現は式 (5.4) のとおりである。

$$G_R(\omega) = G_T{}^*(\omega) \tag{5.4}$$

(条件 2) 受信フィルタ出力パルス波形 $g(t)$ は周期 T のゼロ交差波形とする。これを式で書けば式 (5.5) のとおりである。

$$g(nT) = 0 \quad (n \neq 0) \tag{5.5}$$

この周波数領域表現は式 (5.6) のとおりである(ポアソン和公式により証明できる)。

$$\sum_{n=-\infty}^{\infty} G(\omega - n\omega_r) = Tg(0) \tag{5.6}$$

ただし

$$\omega_r = \frac{2\pi}{T} \tag{5.7}$$

である。式 (5.6) はナイキスト (Nyquist) の第 1 基準を示している。

以上の条件のもとでは,$g(t)$ についてつぎの性質が成り立つ(4.1.3項参照)。

(1) $g(t)$ は偶である。
(2) $g(t)$ の周波数スペクトル $G(\omega)$ は実,偶である。
(3) $g(t)$ は $t = 0$ において最大値 $g(0)$ をとる。
(4) $g(0)$ は $g_T(t)$ のエネルギーに等しい。

5.2 代表的な波形と周波数スペクトル

5.1 節で述べた $g_T(t)$, $G_T(\omega)$, $g(t)$ および $G(\omega)$ の代表的な例を以下に示す。

5.2.1 方形パルス

これは送信パルス波形 $g_T(t)$ が方形の場合である。

- $g_T(t)$：振幅が 1，幅が T で中心が $t=0$ にある方形パルス

$$G_T(\omega) = T \operatorname{sinc} \frac{\omega T}{2\pi} \tag{5.8}$$

- $g(t)$：振幅が T，幅が $2T$ で中心が $t=0$ にある二等辺三角形パルス

$$G(\omega) = G_T{}^2(\omega) \tag{5.9}$$

5.2.2 方形スペクトル

これは送信パルスの周波数スペクトル $G_T(\omega)$ が方形の場合である。

$$g_T(t) = \frac{1}{T} \operatorname{sinc} \frac{t}{T} \tag{5.10}$$

- $G_T(\omega)$：振幅が 1，幅が ω_r で中心が $\omega=0$ にある方形スペクトル

$$g(t) = g_T(t) \tag{5.11}$$

$$G(\omega) = G_T(\omega) \tag{5.12}$$

5.2.3 コサインロールオフ

これは受信パルスの周波数スペクトル $G(\omega)$ が，ロールオフ率 α のコサインロールオフの場合である。ただし，$0 \leqq \alpha \leqq 1$ とする。

$$g_T(t) = \frac{\sin \dfrac{\pi(1-\alpha)t}{T} + \dfrac{4\alpha t}{T} \cos \dfrac{\pi(1+\alpha)t}{T}}{\pi t \left\{ 1 - \left(\dfrac{4\alpha t}{T} \right)^2 \right\}} \tag{5.13}$$

$$G_T(\omega) = 1 \quad \left(|\omega| \leq \frac{(1-\alpha)\omega_r}{2}\right)$$

$$= \cos\frac{\pi\{|\omega| - (1-\alpha)\omega_r/2\}}{2\alpha\omega_r}$$

$$\left(\frac{(1-\alpha)\omega_r}{2} < |\omega| \leq \frac{(1+\alpha)\omega_r}{2}\right)$$

$$= 0 \quad \left(\frac{(1+\alpha)\omega_r}{2} < |\omega|\right) \tag{5.14}$$

$$g(t) = \frac{\operatorname{sinc}\dfrac{t}{T}\cos\dfrac{\pi\alpha t}{T}}{T\left\{1-\left(\dfrac{2\alpha t}{T}\right)^2\right\}} \tag{5.15}$$

$$G(\omega) = G_T{}^2(\omega) \tag{5.16}$$

ここで，$\alpha = 0$ とすれば 5.2.2 項の方形スペクトルの場合を得る。

5.3　ベースバンド PAM の構成と基本式

図 5.2 にベースバンド PAM の方式モデルを示す。この各部の信号および雑音は以下のとおりになる。

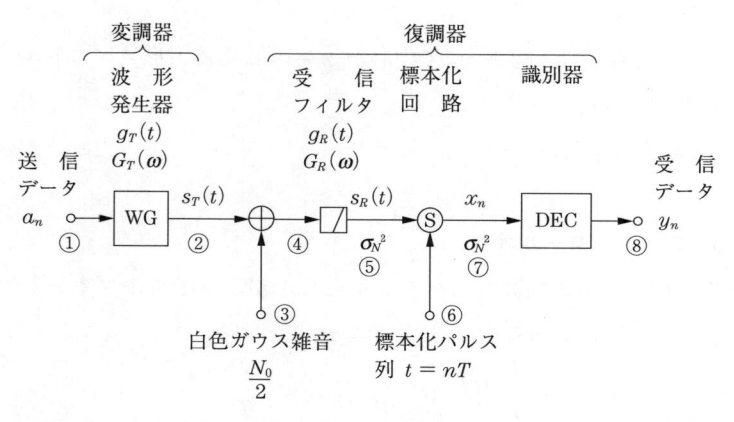

図 5.2　ベースバンド PAM の方式モデル

5.3.1 信号の計算

図 5.2 ① における送信データ a_n は,波形発生器 WG によって式 (5.17) に示す送信信号 $s_T(t)$ となる.

$$s_T(t) = \sum_{n=-\infty}^{\infty} a_n g_T(t - nT) \tag{5.17}$$

$s_T(t)$ の単位パルス $g_T(t-nT)$ のエネルギーを E_u とする.E_u は $g(0)$ に等しい.$s_T(t)$ は受信フィルタを通過して式 (5.18) の受信信号 $s_R(t)$ となる.

$$s_R(t) = \sum_{n=-\infty}^{\infty} a_n g(t - nT) \tag{5.18}$$

受信信号 $s_R(t)$ は,標本化回路によって $t=nT$ において標本化される.⑦ における標本値は式 (5.19) の x_n となる.

$$x_n = s_R(nT) = a_n g(0) \tag{5.19}$$

5.3.2 雑音の計算

図 5.2 では,③ から電力スペクトル密度が $N_0/2$ の白色ガウス雑音が印加されている.⑤ および ⑦ におけるガウス雑音電力 $\sigma_N{}^2$ は式 (5.20) のとおりになる.

$$\sigma_N{}^2 = \frac{N_0}{2} g(0) \tag{5.20}$$

5.3.3 識別器の動作

識別器は信号振幅 x_n とガウス雑音振幅の和を識別し,受信データ y_n を ⑧ に出力する.

5.4 ASK の構成と基本式

図 5.3 に ASK の方式モデルを示す.これは 5.3 節のベースバンド PAM を積変調,同期検波によって搬送波に乗せたものである.

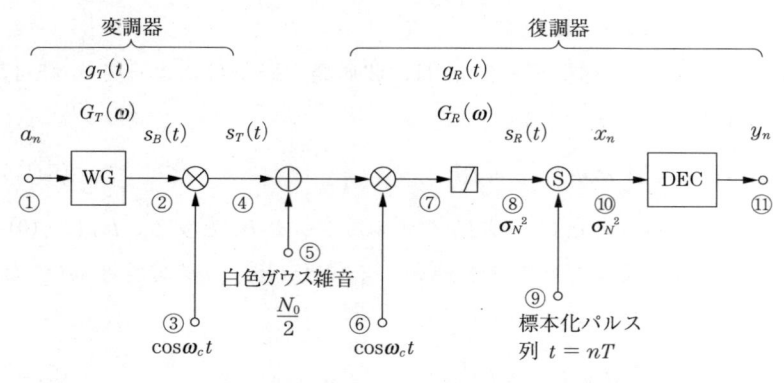

52   5. 基本的な通信方式の構成と特性

図 5.3 ASK の方式モデル

5.4.1 基本的前提

これから行う信号および雑音の計算が成り立つための基本的前提は，送信パルス波形 $g_T(t)$ が搬送波角周波数 ω_c 以下に帯域制限されていることである。これを式で書けば式（5.21）のとおりになる。

$$G_T(\omega) = 0 \qquad (|\omega| \geq \omega_c) \tag{5.21}$$

式（5.4）により受信フィルタも同様に帯域制限されるから式（5.22）が成り立つ。

$$G_R(\omega) = 0 \qquad (|\omega| \geq \omega_c) \tag{5.22}$$

5.4.2 時間制限パルスの場合

送信パルス波形 $g_T(t)$ が方形などの時間制限波形の場合には，その周波数スペクトルは無限に広い周波数範囲に広がっているから，5.4.1 項の前提は厳密には成り立たない。しかし狭帯域伝送の場合，すなわち，搬送周波数が符号速度に比べてきわめて大きい場合には，この前提は十分よい近似で満足される。したがって，以下における計算が成り立つことになる。

5.4.3 信号の計算

図 5.3 ① における送信データ a_n は，波形発生器によって式（5.23）に示

す送信ベースバンド信号 $s_B(t)$ に変換される。

$$s_B(t) = \sum_{n=-\infty}^{\infty} a_n g_T(t - nT) \tag{5.23}$$

式（5.23）は積変調によって式（5.24）に示す送信信号 $s_T(t)$ に変換される。

$$s_T(t) = \sum_{n=-\infty}^{\infty} a_n g_T(t - nT) \cos \omega_c t \tag{5.24}$$

式（5.24）の $s_T(t)$ における単位パルス $g_T(t - nT) \cos \omega_c t$ のエネルギーを E_u とする。E_u はパルス波形 $g_T(t)$ のエネルギーの $1/2$ であり $(1/2)g(0)$ に等しい。

受信側では $s_T(t)$ はまず同期検波され，つぎに受信フィルタを通過して $s_R(t)$ となる。$s_R(t)$ は式（5.25）で与えられる。

$$s_R(t) = \frac{1}{2} \sum_{n=-\infty}^{\infty} a_n g(t - nT) \tag{5.25}$$

$s_R(t)$ は，標本化回路によって $t = nT$ において標本化され式（5.26）の x_n となる。

$$x_n = s_R(nT) = \frac{1}{2} a_n g(0) \tag{5.26}$$

5.4.4 雑音の計算

図 5.3 の ⑤ からは，電力スペクトル密度が $N_0/2$ の白色ガウス雑音が印加されている。⑧ および ⑩ における雑音もガウス雑音となり，その電力 $\sigma_N{}^2$ は次式

$$\sigma_N{}^2 = \frac{N_0}{4} g(0) \tag{5.27}$$

で与えられる（付録 D. 参照）。

5.4.5 識別器の動作

識別器は信号振幅 x_n とガウス雑音振幅の和を識別し，受信データ y_n を ⑪ に出力する。

5.5 QAM の構成と基本式

図 5.4 に QAM の方式モデルを示す。これは二つの ASK 信号を，コサイン搬送波とサイン搬送波を用いて直交伝送するものである。

信号および雑音の計算における前提条件は，5.4.1項，5.4.2項に示したとおりである。

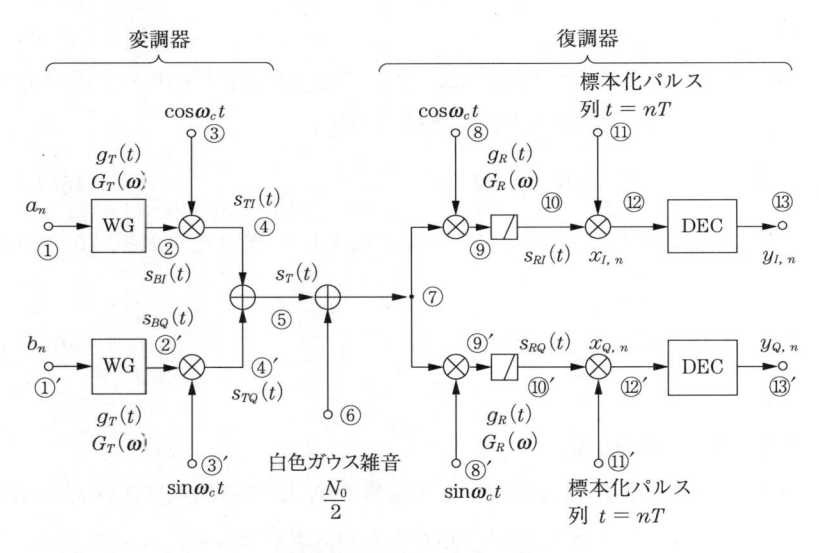

図 5.4　QAM の方式モデル

5.5.1　信 号 の 計 算

〔1〕　**送 信 側**　同相チャネル（図 5.4 の上側のチャネル）においては，①から入力された送信データ a_n が，まず②のベースバンド PAM $s_{BI}(t)$ に変換され，つぎに ASK 信号 $s_{TI}(t)$ に変換される。これらは式 (5.28)，(5.29) に示すとおりである。

$$s_{BI}(t) = \sum_{n=-\infty}^{\infty} a_n g_T(t - nT) \tag{5.28}$$

$$s_{TI}(t) = \sum_{n=-\infty}^{\infty} a_n g_T(t - nT)\cos \omega_c t \tag{5.29}$$

5.5 QAMの構成と基本式

$s_{TI}(t)$ における単位パルス $g_T(t-nT)\cos\omega_c t$ のエネルギー E_u は，$(1/2) \times g(0)$ に等しい。

一方，直交チャネル（図5.4の下側のチャネル）においては，①′から入力された送信データ b_n が，まず②′のベースバンド PAM $s_{BQ}(t)$ に変換され，つぎに ASK 信号 $s_{TQ}(t)$ に変換される。これらは式（5.30），（5.31）に示すとおりである。

$$s_{BQ}(t) = \sum_{n=-\infty}^{\infty} b_n g_T(t-nT) \tag{5.30}$$

$$s_{TQ}(t) = \sum_{n=-\infty}^{\infty} b_n g_T(t-nT) \sin\omega_c t \tag{5.31}$$

$s_{TQ}(t)$ における単位パルス $g_T(t-nT)\sin\omega_c t$ のエネルギー E_u は，$(1/2)\times g(0)$ に等しい。

$s_{TI}(t)$ と $s_{TQ}(t)$ の和が⑤における送信信号 $s_T(t)$ となる。

$$s_T(t) = s_{TI}(t) + s_{TQ}(t) \tag{5.32}$$

〔2〕 受 信 側　同相チャネルにおいては，まず $s_T(t)$ が搬送波 $\cos\omega_c t$ によって同期検波され，受信フィルタを通って式（5.33）の $s_{RI}(t)$ となる。

$$s_{RI}(t) = \frac{1}{2}\sum_{n=-\infty}^{\infty} a_n g(t-nT) \tag{5.33}$$

$s_{RI}(t)$ は標本化されて式（5.34）の $x_{I,n}$ となる。

$$x_{I,n} = s_{RI}(nT) \doteq \frac{1}{2} a_n g(0) \tag{5.34}$$

$x_{I,n}$ は識別器により受信データ $y_{I,n}$ となる。

受信側の直交チャネルでは，まず $s_T(t)$ が搬送波 $\sin\omega_c t$ によって同期検波され，受信フィルタを通って式（5.35）の $s_{RQ}(t)$ となる。

$$s_{RQ}(t) = \frac{1}{2}\sum_{n=-\infty}^{\infty} b_n g(t-nT) \tag{5.35}$$

$s_{RQ}(t)$ は標本化されて式（5.36）の $x_{Q,n}$ となる。

$$x_{Q,n} = s_{RQ}(nT) = \frac{1}{2} b_n g(0) \tag{5.36}$$

$x_{Q,n}$ は識別器により受信データ $y_{Q,n}$ となる。

5.5.2 雑音の計算

雑音電力は 5.4.4 項の ASK と同様 $\sigma_N{}^2 = \dfrac{N_0}{4} g(0)$ で与えられる。

5.6 各種方式の符号誤り率

これまでに述べたベースバンド PAM，ASK，QAM の基本式をもとに，代表的な各種方式を示し，その符号誤り率を計算する。

5.6.1 両極性伝送方式

これは 5.3 節のベースバンド PAM の特殊ケースで，2 値の場合である。両極性信号 $s_T(t)$ は式 (5.17) で与えられる。ただし，変調データ a_n は等確率で ± 1 をとる独立な確率変数とする。

$s_T(t)$ の各パルスのエネルギーは 5.3.1 項に示した E_u であるが，ここでは慣例により E_b と書き，これを "ビット当りのエネルギー" と呼ぶ。E_b は $g(0)$ に等しい。

識別器入力における信号振幅は，式 (5.19) より $a_n E_b$ すなわち $\pm E_b$ となる。また，識別器入力におけるガウス雑音電力は式 (5.20) より $N_0 E_b / 2$ となる。識別器のしきい値を 0 とすれば，ビット誤り率 P_b は式 (5.37) のとおりになる (3.2 節および 3.3 節参照)。

$$P_b = Q\left(\sqrt{\dfrac{2 E_b}{N_0}}\right) \qquad (5.37)$$

5.6.2 4 値 PAM

これも 5.3 節のベースバンド PAM の特殊ケースで，4 値の場合である。4 値 PAM 信号 $s_T(t)$ は式 (5.17) で与えられる。ただし，変調データ a_n は等確率で $-3, -1, 1, 3$ をとる独立な確率変数とする。

識別器入力における信号振幅は式 (5.19) より $a_n E_u$ すなわち $-3 E_u$,

$-E_u$, E_u, $3E_u$ となる．また，識別器入力におけるガウス雑音電力は式 (5.20) より $N_0 E_u/2$ となる．識別器のしきい値を $-2E_u$, 0, $2E_u$ とすれば，符号誤り率 P_e は式 (5.38) のとおりになる．

$$P_e = \frac{3}{2} Q\left(\sqrt{\frac{2E_u}{N_0}}\right) \tag{5.38}$$

5.6.3 BPSK

これは 5.4 節の ASK における特殊ケースで 2 値の場合である．BPSK 信号 $s_T(t)$ は式 (5.24) で与えられる．ただし，変調データ a_n は等確率で ± 1 をとる独立な確率変数とする．

$s_T(t)$ の各パルスのエネルギーは 5.4 節における E_u であるが，慣例により E_b と書き，"ビット当りのエネルギー"と呼ぶ．E_b は $(1/2)g(0)$ に等しい．

識別器入力における信号振幅は式 (5.26) より $a_n E_b$ すなわち $\pm E_b$ となる．また，識別器入力におけるガウス雑音電力は式 (5.27) より $N_0 E_b/2$ となる．

識別器のしきい値を 0 とすれば，ビット誤り率 P_b は式 (5.39) のとおりになる．

$$P_b = Q\left(\sqrt{\frac{2E_b}{N_0}}\right) \tag{5.39}$$

5.6.4 4値 ASK

これも 5.4 節の ASK における特殊ケースで 4 値の場合である．4 値 ASK 信号 $s_T(t)$ は式 (5.24) で与えられる．ただし，変調データ a_n は等確率で -3, -1, 1, 3 をとる独立な確率変数とする．

識別器入力における信号振幅は式 (5.26) より $a_n E_u$ すなわち $-3E_u$, $-E_u$, E_u, $3E_u$ となる．また，識別器入力におけるガウス雑音電力は式 (5.27) より $N_0 E_u/2$ となる．識別器のしきい値を $-2E_u$, 0, $2E_u$ とすれば，符号誤り率 P_e は式 (5.40) のとおりになる．

$$P_e = \frac{3}{2} Q\left(\sqrt{\frac{2E_u}{N_0}}\right) \tag{5.40}$$

5.6.5 QPSK

これは 5.5 節の QAM の特殊ケースであり, 二つの BPSK の直交伝送である.

同相チャネル BPSK 信号 $s_{TI}(t)$ は式 (5.29) で, 直交チャネル BPSK 信号 $s_{TQ}(t)$ は式 (5.31) で与えられる. 変調データ a_n および b_n は等確率で ± 1 をとる独立な確率変数とする. 両者における各パルスのエネルギー E_u を慣例により E_b と書き, これを"ビット当りのエネルギー"と呼ぶ. E_b は $(1/2)g(0)$ に等しい.

同相および直交チャネルの識別器入力における信号振幅は 5.6.3 項の BPSK の場合と同様に $a_n E_b$ すなわち $\pm E_b$ となる. 識別器入力におけるガウス雑音電力も同様に $N_0 E_b/2$ となる. 識別器のしきい値を 0 とすれば, ビット誤り率 P_b は式 (5.41) のとおりになる.

$$P_b = Q\left(\sqrt{\frac{2E_b}{N_0}}\right) \tag{5.41}$$

5.6.6 16 QAM

これも 5.5 節の QAM の特殊ケースで, 16 値の場合であり, 二つの 4 値 ASK の直交伝送である.

同相チャネル ASK 信号 $s_{TI}(t)$ は式 (5.29) で, 直交チャネル ASK 信号 $s_{TQ}(t)$ は式 (5.31) で与えられる. ただし, 変調データ a_n および b_n は等確率で $-3, -1, 1, 3$ をとる独立な確率変数とする.

各識別器入力における信号振幅は式 (5.34), (5.36) より $-3E_u, -E_u, E_u, 3E_u$ となる. また, 識別器入力におけるガウス雑音電力は式 (5.27) より $N_0 E_u/2$ となる. 識別器のしきい値を $-2E_u, 0, 2E_u$ とすれば, 符号誤り率 P_e は式 (5.42) のとおりになる.

$$P_e = \frac{3}{2} Q\left(\sqrt{\frac{2E_u}{N_0}}\right) \tag{5.42}$$

5.7 回線設計への適用

図5.2〜5.4に示したPAM, ASKおよびQAMの方式モデルを, 実際の通信回線の設計に適用するためには, それらにおける信号電力と白色ガウス雑音の電力スペクトル密度 N_0 を具体的に知らなければならない. ここではその計算を行う.

5.7.1 信号電力の計算

ここではまず, 一般的な M 値PAM, M 値ASKおよび M^2 QAMを仮定する. M 値PAMと M 値ASKにおける変調データ a_n, および M^2 QAMにおける変調データ a_n と b_n は, すべて等確率で

$$-(M-1), \ -(M-3), \ \cdots, \ -3, \ -1, \ 1, \ 3, \ \cdots, \ (M-3), (M-1)$$

をとる独立な確率変数とする (M は偶数).

信号 $s_T(t)$ の電力 P_s は式 (5.43), (5.44) のとおりになる.

$$P_s = \frac{(M^2-1)E_u}{3\,T} \qquad (M\text{値PAMおよび}M\text{値ASK}) \tag{5.43}$$

$$P_s = \frac{2(M^2-1)E_u}{3\,T} \qquad (M^2\text{ QAM}) \tag{5.44}$$

これらの特殊ケースで $M=2$ の場合には式 (5.45), (5.46) のとおりになる.

$$P_s = \frac{E_b}{T} \qquad (\text{両極性およびBPSK}) \tag{5.45}$$

$$P_s = \frac{2\,E_b}{T} \qquad (\text{QPSK}) \tag{5.46}$$

5.7.2 伝送回線の構成, 等価回路および符号誤り率の計算

〔1〕 伝送回線の構成と等価回路　　図5.5 (a) に伝送回線の代表的構成を示す. ⓐにおける送信データは変調器によって送信信号 $s_T(t)$ に変換され

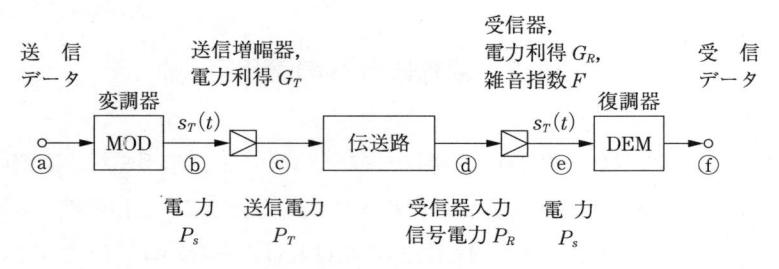

5. 基本的な通信方式の構成と特性

図5.5 伝送回線の代表的構成とその等価回路

(a) 伝送回線の代表的構成

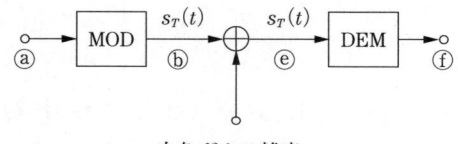

(b) 図(a)の等価回路

る。この $s_T(t)$ は，これまでに述べたベースバンド PAM, ASK および QAM における $s_T(t)$ である。

送信信号 $s_T(t)$ は送信増幅器によって増幅され，伝送路に送り込まれる。伝送路は無ひずみとし，遅延時間は結果に影響しないので無視する。伝送路出力信号は受信器によって増幅され，もとの $s_T(t)$ となる。これに雑音が加わったものが復調器に入力され，その結果として ⓕ に受信データが出現する。

図(b)は図(a)の等価回路である。ただし，白色ガウス雑音の電力スペクトル密度は式 (5.47) により決定される[5]。

$$N_0 = kT_aG_RF \tag{5.47}$$

ただし，k ：ボルツマンの定数 ($1.380\,658 \times 10^{-23}$ J/K)

T_a ：環境温度，絶対温度 K (0°C は 273 K に相当する)

G_R ：受信器の電力利得

F ：受信器の雑音指数

である。また kT_a の代表的数値はつぎのとおりである。

$kT_a = 4 \times 10^{-21}$ W/Hz （17 ℃）

〔2〕 **符号誤り率の計算**　図 5.5（a）において，ⓓ における受信器入力信号電力 P_R と受信器の電力利得 G_R が与えられれば，ⓔ における信号 $s_T(t)$ の電力 P_s が決定される。これを 5.7.1 項の式（5.43）〜（5.46）に代入すれば E_u（あるいは E_b）が求められる。

一方，環境温度 T_a，受信器の電力利得 G_R および雑音指数 F が与えられれば，式（5.47）より白色ガウス雑音の電力スペクトル密度が決定される。これらを 5.6 節における式（5.37）〜（5.42）に代入すれば符号誤り率（あるいはビット誤り率）が求められる。

演 習 問 題

[**問 5.1**]　5.6.5 項に示した QPSK につぎの前提を設ける。

　　　　・符号速度　　　　　　100 MS/s
　　　　・ビット誤り率　　　　10^{-11}
　　　　・復調器入力ガウス雑音の電力スペクトル密度
　　　　　（片側周波数表示）　　4×10^{-12} W/Hz

　　（1）　復調器入力信号のビット当りのエネルギー E_b を求めよ（単位 J）。
　　（2）　復調器入力信号電力 P_s を求めよ（単位 dBm）。

[**問 5.2**]　図 5.5 の伝送回線に 5.6.5 項の QPSK を下記の条件で適用する。受信器入力信号電力 P_R を求めよ（単位 dBm）。

　　　　・符号速度　　　　　　100 MS/s
　　　　・ビット誤り率　　　　10^{-11} 以下
　　　　・受信器雑音指数　　　17 dB
　　　　・環境温度　　　　　　35 ℃

[**問 5.3**]　5.1 節の条件を満たす $g_T(t)$ に対して，式（5.48）が成り立つことを証明せよ。

$$\int_{-\infty}^{\infty} g_T(t-nT)\, g_T(t-mT)\, dt = g(0)\, \delta_{n-m} \tag{5.48}$$

[**問 5.4**] 図 5.2 のベースバンド PAM において，式 (5.1) および式 (5.5) は成り立つが，$g_T(t)$ と $g_R(t)$ の組合せは任意に選定できる場合を考える。

　変調データ a_n は独立，平均値 0 で同じ確率分布をもつとする。図 5.2 ② における送信信号 $s_T(t)$ の平均電力を与えた場合に，図 5.2 ⑦ における信号対雑音比を最大にする $g_R(t)$ は式 (5.49) を満足する。これを証明せよ。ただし，k は任意係数である。

$$g_R(t) = k g_T(-t)^{\dagger} \tag{5.49}$$

---

† この結果は，信号対雑音比を最大にする $g_T(t)$ と $g_R(t)$ の組合せが整合フィルタ条件を満足することを示している。

6. ブロック符号の通信方式への適用

本章では，ブロック符号を通信方式に適用する際に，まず心得ておかなければならない基礎的概念および評価パラメータを述べる。

ブロック符号（block codes）とは，送信すべき情報ビット系列を，一定長のブロックごとに分割し，それぞれのブロックを個別に符号化する体系である。これは比較的わかりやすいうえに，7章の畳込み符号に進むための基礎にもなっている。

ブロック符号は**誤り制御符号**（error control codes）の一種である。誤り制御符号とは，伝送路における**誤りの検出**（error detection）や，**誤りの訂正**（error correction）のために用いる符号をいう。最初に，(n, k) ブロック符号，BSC モデル，ハミング距離，線形符号，誤り検出および訂正能力など，ブロック符号に関する基礎的事項を述べる。つぎに，符号化を適用した通信方式モデルとして，硬判定および軟判定復号を用いる場合の構成を示し，その各部における信号と雑音を定式化する。さらに，硬判定および軟判定復号器の特性を解析し，ML 復号器が最適復号器であることを示し，また，符号誤り率の上限，下限，漸近符号化利得などの評価指数の計算法と計算例を示す。最後にインタリーブの原理を解説する。

6.1 ブロック符号の基礎

6.1.1 (n, k) ブロック符号

図 **6.1** に示すように，送信すべき情報ビット系列を，k bit ごとのグループに分ける。このグループを**情報語**（data word）と呼ぶ。そして，この個々の情報語を n bit の**符号語**（code word）に変換する。このような変換の体系を (n, k) ブロック符号と呼ぶ。

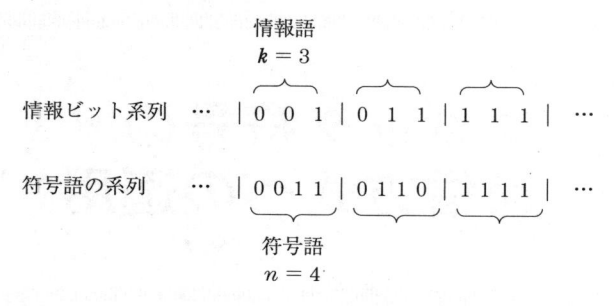

```
              情報語
              k = 3
情報ビット系列  …  | 0 0 1 | 0 1 1 | 1 1 1 |  …

符号語の系列   …  | 0 0 1 1 | 0 1 1 0 | 1 1 1 1 |  …
                   符号語
                   n = 4
```

図 6.1 (n, k) ブロック符号の説明図

伝送路におけるビット誤りの検出や訂正には，一般に冗長度が必要である。したがって，式 (6.1) が条件となる。

$$k < n \tag{6.1}$$

ここで，式 (6.2) を **符号化率** (code rate あるいは rate) と呼ぶ。

$$R_c = \frac{k}{n} \tag{6.2}$$

図 6.1 の例では，$k = 3$，$n = 4$ であり，符号化率は 3/4 である。これはいわゆる (4, 3) パリティ検査符号で，各符号語は 3 個の情報ビットと 1 個のパリティ検査ビットからなっている。一般に，長さ k の情報語には 2^k 個がある。したがって，符号語にも 2^k 個が必要である。図 6.1 の例では $k = 3$ であり，8 個の符号語がある。

6.1.2 BSC モデル

図 6.2 に (n, k) ブロック符号を用いる通信方式の BSC モデルを示す。図において，送信情報語は符号器により符号語に変換され，BSC（**二元対称通**

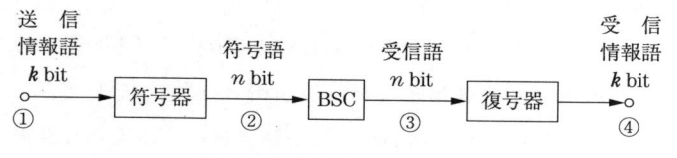

```
送信
情報語      符号語       受信        受信
k bit       n bit       n bit       情報語
                                    k bit
 ○──→[符号器]──→[BSC]──→[復号器]──→○
 ①          ②          ③          ④
```

図 6.2 通信方式の BSC モデル

信路，binary symmetric channel）に送り込まれる。BSC はランダム符号誤りをもつ通信路モデルのうち最も簡単なもので，各伝送ビットごとに独立かつ等確率 p でビット誤りを生じる。これを図 **6.3** に示す。

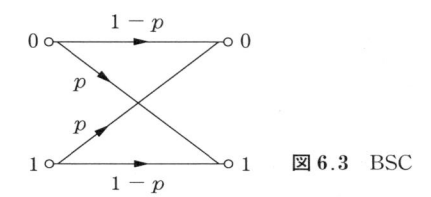

図 **6.3** BSC

6.1.3 情報語および符号語のベクトル表示

長さ k の情報語 $\boldsymbol{x}$ と，長さ n の符号語 $\boldsymbol{w}$ をそれぞれ

$$\boldsymbol{x} = (x_1, \ x_2, \ \cdots, \ x_k) \tag{6.3}$$

$$\boldsymbol{w} = (w_1, \ w_2, \ \cdots, \ w_n) \tag{6.4}$$

と書く。x_i および w_i はすべて 2 進符号（0 あるいは 1）である。

この情報語 $\boldsymbol{x}$ は k 次元空間におけるベクトルあるいは点，符号語 $\boldsymbol{w}$ は n 次元空間におけるベクトルあるいは点と考えることができる。

6.1.4 ハミング距離

二つの系列間の**ハミング距離**（Hamming distance）とは，両者の和における 1 の数である。ただし，和とは各要素ごとの論理和（modulo-2 加算，EX-OR）によってつくられる系列を意味する。下に例を示す。

```
系列 1      1 0 0 1
系列 2      1 0 0 0
─────────────────────
和          0 0 0 1  →  ハミング距離 1

系列 1      1 0 1 0 1
系列 2      0 1 1 1 1
─────────────────────
和          1 1 0 1 0  →  ハミング距離 3
```

6.1.5 線形符号とハミング重み

一般に,符号の特性は,符号語間のハミング距離 $d_{H,i,j}$ の分布により決定される。符号誤り率の計算の場合にも,この分布が必要となる。この分布を実際に調べようとすると,符号語は 2^k 個あるから,ハミング距離の計算は $2^{k-1}(2^k-1)$ の組合せに対して行う必要がある。しかし,線形符号の場合には,以下に述べるように,計算が簡単になる。これを説明するために,まず,線形符号とハミング重みについて述べる。

（1）**線形符号**　**線形符号**（linear code）とは,任意の二つの符号語の和（各桁(けた)ごとの論理和でつくられる語）もまた符号語となる符号をいう。

（2）**ハミング重み**　符号語の**ハミング重み**（Hamming weight, 重み）とは,その符号語とオールゼロ符号語との間のハミング距離,すなわち,その符号語における1の数である。

線形符号においては,符号語のハミング重みの分布がハミング距離の分布と一致する。ハミング重みの分布を求めるには,(2^k-1) の組合せに対して計算を行えばよい。また,線形符号を用いる両極性通信方式の符号誤り率は,オールゼロ符号語を送信した場合のみに対して求めればよいことになる。

6.1.6 線形 (n, k) ブロック符号の誤り検出,訂正能力

線形 (n, k) ブロック符号の誤り検出,訂正能力は,符号語間のハミング距離,特に最小ハミング距離に依存する。

最小ハミング距離 $d_{H,\min}$ は式 (6.5) で与えられる。ただし,$d_{H,i,j}$ は i 番目の符号語と j 番目の符号語の間のハミング距離,$d_{w,j}$ は j 番目の符号語のハミング重みを示す(なお $j=0$ はオールゼロ符号語を示す)。

$$d_{H,\min} = \operatorname*{Min}_{i \neq j}[d_{H,i,j}] = \operatorname*{Min}_{j \neq 0}[d_{W,j}] \tag{6.5}$$

図 6.2 の BSC モデルにおいて,復号器は,受信語とのハミング距離が最も小さい符号語を選び,それを情報語に変換して出力する(つまり,後述する

ML 復号を行う)。この場合における最小ハミング距離 $d_{H,\min}$ と誤り検出,訂正能力との関係はつぎのとおりになる。

〔1〕 **誤り検出能力** 受信語における誤りが $(d_{H,\min} - 1)$ bit 以内であれば,受信側では,誤りが発生したことを認識できる。何となれば,この場合の受信語は,どの符号語とも異なるからである。

〔2〕 **誤り訂正能力** 受信語における誤りが下記の t bit 以内であれば,その誤りは受信側で訂正される(すなわち正しい受信が行われる)。この t を誤り訂正能力と呼ぶ。

$$\left.\begin{aligned} t &= \frac{d_{H,\min}}{2} - 1 \quad (d_{H,\min}:偶数) \\ &= \frac{d_{H,\min} - 1}{2} \quad (d_{H,\min}:奇数) \end{aligned}\right\} \tag{6.6}$$

何となれば,この場合には,受信語と送信符号語の間のハミング距離は,受信語とほかの符号語との間のハミング距離よりも小さいからである。

6.1.7 (7, 4) ハミング符号の場合の例

情報語 $\boldsymbol{x}$ および符号語 $\boldsymbol{w}$ はそれぞれ式 (6.7),(6.8) で与えられる。

$$\boldsymbol{x} = (x_1, \ x_2, \ x_3, \ x_4) \tag{6.7}$$

$$\boldsymbol{w} = (x_1, \ x_2, \ x_3, \ x_4, \ c_1, \ c_2, \ c_3) \tag{6.8}$$

ここで,検査ビット c_1, c_2, c_3 は式 (6.9) で与えられる。

$$\left.\begin{aligned} c_1 &= x_1 \oplus x_2 \oplus x_3 \\ c_2 &= x_2 \oplus x_3 \oplus x_4 \\ c_3 &= x_1 \oplus x_2 \oplus x_4 \end{aligned}\right\} \tag{6.9}$$

ただし,式 (6.9) における和の記号 $\oplus$ は論理和を示す。この符号語 $\boldsymbol{w}$ が線形符号であることは,簡単に証明できる。

表 **6.1** に (7, 4) ハミング符号語とそのハミング重みを示す。したがって,最小ハミング距離 $d_{H,\min}$ は 3,誤り訂正能力 t は 1 であり,受信語における 1 bit の誤りが訂正できる。

6. ブロック符号の通信方式への適用

表 6.1 (7, 4) ハミング符号語とハミング重み

符 号 語	ハミング重み	符 号 語	ハミング重み
0 0 0 0 0 0 0		1 0 0 0 1 0 1	3
0 0 0 1 0 1 1	3	1 0 0 1 1 1 0	4
0 0 1 0 1 1 0	3	1 0 1 0 0 1 1	4
0 0 1 1 1 0 1	4	1 0 1 1 0 0 0	3
0 1 0 0 1 1 1	4	1 1 0 0 0 1 0	3
0 1 0 1 1 0 0	3	1 1 0 1 0 0 1	4
0 1 1 0 0 0 1	3	1 1 1 0 1 0 0	4
0 1 1 1 0 1 0	4	1 1 1 1 1 1 1	7
情報語		情報語	

6.2 通信方式モデル

ここで用いる通信方式モデルを以下の 6.2.1～6.2.3 項のそれぞれの図に示す。どのモデルにおいても，両極性伝送を行い，5 章で述べた基本条件（整合フィルタ受信，ゼロ符号間干渉）を満たすものとする。

6.2.1 符号化を用いない場合

図 6.4 は，符号化を用いない場合である。これは符号化の適用効果の評価のための基準として必要である。

送信側では，各送信情報ビットに対応して正負のパルス波形を発生，送信す

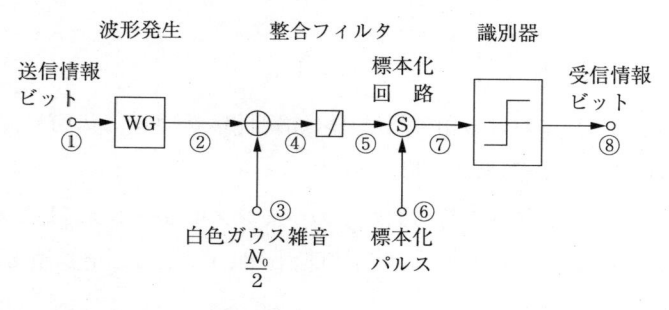

図 6.4 符号化を用いない場合の方式モデル

る．受信側では，送信信号と雑音の和（振幅和）が整合フィルタ受信，標本化，識別され，⑧に受信情報ビットを生じる．雑音は電力スペクトル密度が $N_0/2$ の白色ガウス雑音とする．

図の②における送信信号のビット当りのエネルギーを E_b とする．⑦における標本値の信号対雑音比は $2E_b/N_0$ であり，識別器出力⑧におけるビット誤り率 p_b は式 (6.10) で与えられる（5.6.1項参照）．

$$p_b = Q\left(\sqrt{\frac{2E_b}{N_0}}\right) \tag{6.10}$$

また，送信情報ビット系列を k bit ごとのブロックに区切り，それらを符号語と見なした場合の符号誤り率（ワード誤り率）P_w (uncoded) は式 (6.11) で与えられる．

$$P_w \text{ (uncoded)} = 1 - (1-p_b)^k \tag{6.11}$$

6.2.2 符号化・硬判定復号を用いる場合

図 6.5 に (n, k) ブロック符号化と硬判定復号を用いる場合を示す．送信側では，まず，k bit の送信情報語を，符号器により n bit の符号語に変換し，つぎに，符号語の各ビットに対応して，正負の波形を発生，送信する．受信側では，信号と雑音の和を，まず，整合フィルタ受信，標本化，識別して n bit の受信語を得る．つぎに，復号器によって，その受信語を受信情報語（k bit）に変換する．

このように，まず，識別を行い，つぎに復号を行う方式を**硬判定復号**(hard decision decoding) と呼ぶ．

図 6.5 は，6.1.2項に示した BSC モデルを具体的に書いたもので，②〜⑨が BSC に対応している．したがって，出力⑩における符号誤り率は，⑨におけるビット誤り率と，符号のハミング距離分布により決定される．

この場合の最適復号器は，⑨における受信語にハミング距離が最も近い符号語を選定し，それに対応する情報語を⑩に出力するものとなる（これを硬判定復号における ML 復号器と呼ぶ．この理論は後述する）．

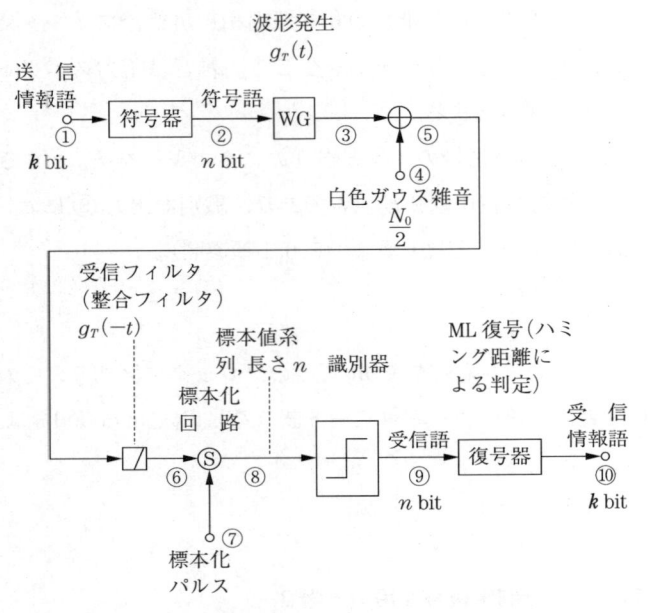

図6.5 符号化・硬判定復号を用いる方式モデル

6.2.3 符号化・軟判定復号を用いる場合

図6.6も (n, k) ブロック符号化を用いる方式モデルであるが，受信系が図6.5とは異なっている．この受信系では，信号と雑音の和に対して，整合フィルタ受信，標本化を行い，その結果，得られる長さ n の標本値系列を復号器によって直接復号する．

このように，各標本値のしきい値識別を行わず，それを直接復号することを**軟判定復号**（soft decision decoding）と呼ぶ．この場合の最適復号器は，⑧における受信標本値系列にユークリッド距離が最も近い送信信号を選定し，それに対応する情報語を⑨に出力するものとなる（これを軟判定復号におけるML復号器と呼ぶ．この理論は後述する）．

軟判定復号は，標本値系列のもつ情報をすべて利用できるので，一般に，硬判定復号よりも高い性能を得ることができる．

6.2 通信方式モデル　　71

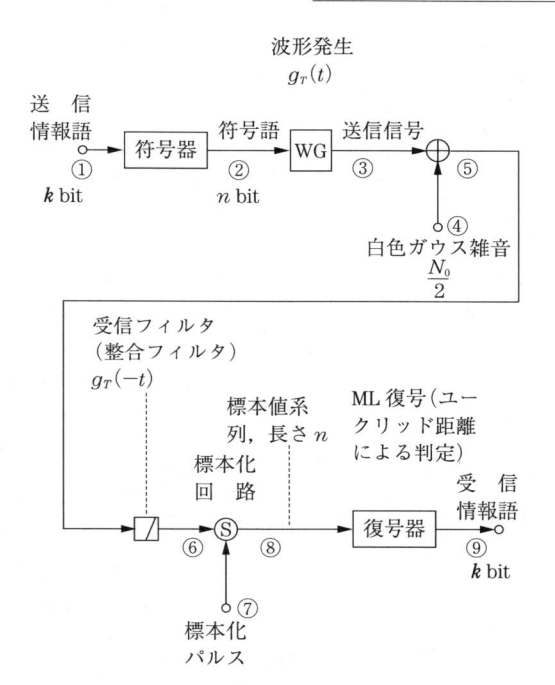

図 6.6 符号化・軟判定復号を用いる方式モデル

6.2.4 信号と雑音の表示式

符号化を用いる方式における最適復号器とその特性を求めるために，まず，図 6.5 および図 6.6 の各ポートにおける信号と雑音の表示式をつくる。

〔1〕**信　　号**　　図 6.5 および図 6.6 の構成は，①〜⑧までは同一である。まずその範囲における信号の表示式を示す。

② における符号語を

$$\left.\begin{array}{l} \boldsymbol{w}_m = (w_{m,1},\ w_{m,2},\ \cdots,\ w_{m,n}) \\ (m = 1,\ 2,\ \cdots,\ M,\quad M = 2^k) \end{array}\right\} \tag{6.12}$$

とする。ここで，$w_{m,i}$ は 0 あるいは 1 をとる。つぎに ③ における送信信号 $s_{T,m}(t)$ を式 (6.13) で表す。

$$s_{T,m}(t) = Aa_{m,1} g_T(t) + Aa_{m,2} g_T(t - T_r) + \cdots$$
$$+ Aa_{m,n} g_T(t - (n-1) T_r) \tag{6.13}$$

$$a_{m,i} = 2 w_{m,i} - 1 \tag{6.14}$$

変調データ $a_{m,i}$ は -1 あるいは 1 をとる。変調データのベクトル表示を式 (6.15) のとおりとする。

$$\boldsymbol{a}_m = (a_{m,1},\ a_{m,2},\ \cdots,\ a_{m,n}) \tag{6.15}$$

ここではパルス波形 $g_T(t)$ のエネルギーは 1 とする。したがって，式 (6.16) が成り立つ。

$$\int_{-\infty}^{\infty} g_T{}^2(t)\,dt = 1 \tag{6.16}$$

送信信号のビット当りのエネルギーについては，つぎの 2 種類の表現を用いる（これをうっかりすると，符号化利得の評価において誤りを生じるので，注意すべきである）。このうちの一つは，式 (6.13) に示した送信信号の各パルスのエネルギーである。

ここではこれを "**伝送ビット当りのエネルギー**" と呼び E_{Tb} で表す。もう一つは "**情報ビット当りのエネルギー**" であり，送信情報 1 bit 当りの送信信号エネルギーである。これを E_b で表す。

ここで，$kE_b = nE_{Tb}$ であるから式 (6.17) が成り立つ。

$$R_c E_b = E_{Tb} = A^2 \tag{6.17}$$

ただし，R_c は符号化率 k/n である。

受信フィルタ出力 ⑥ における信号は式 (6.18) で表される。

$$s_m(t) = Aa_{m,1} g(t) + Aa_{m,2} g(t - T_r) + \cdots$$
$$+ Aa_{m,n} g(t - (n-1) T_r) \tag{6.18}$$

$$g(t) = g_T(t) * g_T(-t) \tag{6.19}$$

前提により $g(t)$ は

$$g(0) = 1 \tag{6.20}$$

$$g(nT_r) = 0 \quad (n \neq 0) \tag{6.21}$$

を満足する。

この $s_m(t)$ を時刻

$$t = 0, \ T_r, \ 2T_r, \ \cdots, \ (n-1)T_r \tag{6.22}$$

において標本化する。⑧における i 番目の信号標本値 $s_{m,i}$ は式 (6.23) のとおりになる。

$$s_{m,i} = s_m((i-1)T_r) = A a_{m,i} = \sqrt{R_c E_b} \, a_{m,i} \tag{6.23}$$

式 (6.23) を信号ベクトル $\bm{s}_m$ で表す。

$$\bm{s}_m = (s_{m,1}, \ s_{m,2}, \ \cdots, \ s_{m,n}) \tag{6.24}$$

$$\bm{s}_m = \sqrt{R_c E_b} \, \bm{a}_m \tag{6.25}$$

$\bm{s}_m$ は送信信号 $s_{T,m}(t)$ のベクトル表現である（両者は同じ変調データおよび電力をもっている）。

〔2〕**雑　　音**　　整合フィルタ出力⑥におけるガウス雑音電力 $\sigma_v{}^2$ を計算すると式 (6.26) のとおりになる（5.3 節参照）。

$$\sigma_v{}^2 = \frac{N_0}{2} \tag{6.26}$$

⑧におけるガウス雑音標本値を式 (6.27) によってベクトル表示する。

$$\bm{v} = (v_1, \ v_2, \ \cdots, \ v_n) \tag{6.27}$$

ここで v_i の平均値は当然 0 である。またその分散は $\sigma_v{}^2$ であり，$N_0/2$ に等しい。さらに v_i は独立なガウス確率変数である（付録 C 参照）。したがって，v_i の確率密度関数 $p_v(v_i)$ は式 (6.28) で与えられる。

$$p_v(v_i) = \frac{1}{\sqrt{\pi N_0}} e^{-\frac{v_i{}^2}{N_0}} \tag{6.28}$$

この結果，$\bm{v}$ の確率密度関数 $p_v(\bm{v})$ は式 (6.29) で与えられる。

$$\begin{aligned} p_v(\bm{v}) &= p_v(v_1) p_v(v_2) \cdots p_v(v_n) \\ &= (\pi N_0)^{-\frac{n}{2}} e^{-\frac{|\bm{v}|^2}{N_0}} \end{aligned} \tag{6.29}$$

ただし，$|\bm{v}|^2$ は $\bm{v}$ の長さの 2 乗であり，式 (6.30) で与えられる。

$$|\bm{v}|^2 = \sum_{i=1}^{n} v_i{}^2 \tag{6.30}$$

〔3〕**信号対雑音比および BSC のビット誤り率**　　⑧における信号対雑音比 ρ は式 (6.31) で与えられる。

$$\rho = \frac{s_{m,i}^2}{\sigma_v^2} = \frac{2R_c E_b}{N_0} \tag{6.31}$$

したがって，図 6.5 ⑨ におけるビット誤り率（BSC のビット誤り率）p は式 (6.32) で与えられる．

$$p = Q\left(\sqrt{\frac{2R_c E_b}{N_0}}\right) \tag{6.32}$$

6.3 硬判定復号器の機能と特性

6.3.1 最適復号器

図 6.5 ⑨ において受信語

$$\boldsymbol{r} = (r_1, \ r_2, \ \cdots, \ r_n) \tag{6.33}$$

が与えられたとする．r_i は 0 あるいは 1 である．

復号器はこの $\boldsymbol{r}$ から送信符号語を推定しなければならない．ここで，$\boldsymbol{r}$ に対する送信符号語が $\boldsymbol{w}_m$ である条件付き確率を $P(\boldsymbol{w}_m \mid \boldsymbol{r})$ とする．これを事後確率と呼ぶ．一般的には，この事後確率を最大にする符号語 $\boldsymbol{w}_m$ を選定する復号器が，符号誤り率が最も小さい復号器であり，最適復号器である．

$\boldsymbol{w}_m$ の発生確率を $P_w(\boldsymbol{w}_m)$，$\boldsymbol{r}$ の発生確率を $P_r(\boldsymbol{r})$，送信符号語が $\boldsymbol{w}_m$ のときに受信語 $\boldsymbol{r}$ を得る条件付き確率を $P(\boldsymbol{r} \mid \boldsymbol{w}_m)$ とすれば式 (6.34) が成り立つ〔確率論におけるベイズ（Bayes）の公式〕．

$$P(\boldsymbol{w}_m \mid \boldsymbol{r}) = \frac{P_w(\boldsymbol{w}_m) P(\boldsymbol{r} \mid \boldsymbol{w}_m)}{P_r(\boldsymbol{r})} \tag{6.34}$$

ここでは，送信符号語は等確率で発生するから，$P_w(\boldsymbol{w}_m)$ は一定値 $1/M$ である．また，$P_r(\boldsymbol{r})$ は m に無関係である．したがって，$P(\boldsymbol{r} \mid \boldsymbol{w}_m)$ を最大にする判定を行えばよい．

$P(\boldsymbol{r} \mid \boldsymbol{w}_m)$ は確率論における尤度（likelihood）である．これを最大にする復号器を **ML 復号器**（**最尤復号器**，maximum-likelihood decoder）と呼ぶ．

ここで，$\boldsymbol{r}$ と $\boldsymbol{w}_m$ との間のハミング距離を $d_H(\boldsymbol{r}, \ \boldsymbol{w}_m)$ とすれば

$$P(\boldsymbol{r} \mid \boldsymbol{w}_m) = p^{d_H(\boldsymbol{r}, \ \boldsymbol{w}_m)}(1-p)^{n-d_H(\boldsymbol{r}, \ \boldsymbol{w}_m)} \tag{6.35}$$

が成り立つ。

適切に設計された方式においては，BSC のビット誤り率 p は 1/2 より小さい正数であるから，$P(\boldsymbol{r}|\boldsymbol{w}_m)$ は $d_H(\boldsymbol{r},\boldsymbol{w}_m)$ の減少関数であることが証明できる。したがって，$P(\boldsymbol{r}|\boldsymbol{w}_m)$ を最大にする $\boldsymbol{w}_m$ を選択することは $d_H(\boldsymbol{r},\boldsymbol{w}_m)$ を最小にする $\boldsymbol{w}_m$ を選択することと同じである。この結果，ハミング距離 $d_H(\boldsymbol{r},\boldsymbol{w}_m)$ を最小にする $\boldsymbol{w}_m$ を選択する復号器が最適復号器となる。

以上の結果を要約すればつぎのとおりになる。すなわち，図6.5の方式モデルにおける最適復号器は ML 復号器であり，受信語に対してハミング距離が最も近い符号語を選定し，それに対応する情報語を出力する復号器である。これを用いることによって符号誤り率が最小の復号ができる。

以下，この場合の符号化利得および漸近符号化利得，(7, 4)ハミング符号における例などを説明する。なお，符号誤り率の上限は付録 E で述べる。

6.3.2　符号化利得および漸近符号化利得

ディジタル通信方式にこの符号化を適用すると，周波数帯域幅は増加するが，送信電力は低減できる。この送信電力の低減を示す指数が**符号化利得**（coding gain）である。符号化利得の計算手順はつぎのとおりである。

（1）　符号化を用いない方式において，所定の符号誤り率に対して，ビット当りの信号エネルギーを E_{b1} とする。

（2）　符号化を用いる方式において，(1)と同じ情報伝送速度および符号誤り率に対して，情報ビット当りの信号エネルギーを E_{b2} とする。

（3）　E_{b1}/E_{b2} が符号化利得である。

符号化利得を求めるには符号誤り率の計算が必要であるが，これは必ずしも簡単ではない。しかし，**漸近符号化利得**（asymptotic coding gain）は計算が容易なので便利に用いられる。漸近符号化利得とは符号誤り率 $\to 0$ すなわち $N_0 \to 0$ における符号化利得の値であり，つぎのようにして求められる。

この場合には BSC のビット誤り率 p は十分小さくなり，符号誤り率は式(6.36)に漸近する。

$$P_w(\text{coded, hard}) = C p^r \tag{6.36}$$

ここで，C は定数で，r は最小ハミング距離 $d_{H,\min}$ により式 (6.37) で与えられる。

$$\left. \begin{aligned} r = t + 1 &= \frac{d_{H,\min}+1}{2} \quad (d_{H,\min}:\text{奇数}) \\ &= \frac{d_{H,\min}}{2} \quad (d_{H,\min}:\text{偶数}) \end{aligned} \right\} \tag{6.37}$$

式 (6.37) が成り立つ理由は，p が十分小さければ，全体の符号誤りのうち最短距離の符号誤りが大部分を占め，最短距離でない符号誤りの寄与は無視できるからである。これに対して漸近符号化利得を計算すると式 (6.38) を得る。ただし，R_c は符号化率である。

$$\text{asymptotic coding gain (hard)} = r R_c \tag{6.38}$$

6.3.3 (7, 4) ハミング符号の例

〔1〕 **符号誤り率**　6.1.7項で述べた (7, 4) ハミング符号の符号化率は $R_c = 4/7$，最小ハミング距離は $d_{H,\min} = 3$ である。これは線形符号であるから，オールゼロ符号語を送信したとして符号誤り率を求めればよい。

符号誤りは，受信語が送信符号語に対して 2 bit 以上異なる場合に生じる。符号誤り率（ワード誤り率）は式 (6.39) で与えられる。

$$\begin{aligned} P_w(\text{coded, hard}) = {}_7C_2\, p^2(1-p)^5 + {}_7C_3\, p^3(1-p)^4 + {}_7C_4\, p^4(1-p)^3 \\ + {}_7C_5\, p^5(1-p)^2 + {}_7C_6\, p^6(1-p) + {}_7C_7\, p^7 \end{aligned} \tag{6.39}$$

BSC のビット誤り率 p は式 (6.32) より式 (6.40) で与えられる。ただし，E_b は情報ビット当りの信号エネルギーである。

$$p = Q\left(\sqrt{\frac{8 E_b}{7 N_0}}\right) \tag{6.40}$$

〔2〕 **漸近符号化利得**　式 (6.38) より式 (6.41) の結果を得る。

$$\text{asymptotic coding gain (hard)} = \frac{E_{b1}}{E_{b2}} = \frac{8}{7} \quad (0.58\,\text{dB}) \tag{6.41}$$

6.4 軟判定復号器の条件，構成および特性

図 6.6 に示した方式モデルにおける軟判定復号器について検討し，最適条件，すなわち，符号誤り率を最小にするための条件を求めるとともにその具体的構成を示す．また，その符号誤り率の上限，下限，漸近符号化利得の計算式，(7, 4) ハミング符号における例などを示す．

6.4.1 最適復号器の条件

図 6.6 ⑧ における標本値系列をベクトル r で表す．r は未知の送信信号 s_m と雑音 v の和であり，式 (6.42) で与えられる．

$$r = s_m + v \tag{6.42}$$

なお，s_m および v の成分は 6.2.4 項で示したとおりである．復号器はこの r から送信信号 s_m を推定する必要がある．

ここで，送信信号が s_m である条件付き確率密度を $p(s_m \mid r)$ とする．これはいわゆる事後確率である．この事後確率を最大にする s_m を選定する復号器が，一般的には符号誤り率が最も小さい復号器であり，最適復号器である．

ここで，s_m の発生確率を $P_s(s_m)$，r の発生確率密度を $p_r(r)$，送信信号が s_m のときに r を得る条件付き確率密度を $p(r \mid s_m)$ とする（これはいわゆる尤度である）．これらに対して式 (6.43) が成り立つ．

$$p(s_m \mid r) = \frac{P_s(s_m)\, p(r \mid s_m)}{p_r(r)} \tag{6.43}$$

$P_s(s_m)$ は一定値 $1/M$ である．また $p_r(r)$ は m に無関係である．したがって，尤度 $p(r \mid s_m)$ を最大にする s_m を選択する復号器が最適復号器である．硬判定復号の場合と同様にこれを ML 復号器と呼ぶ．ところで式 (6.42) により

$$v = r - s_m \tag{6.44}$$

である．したがって，$p(r \mid s_m)$ は雑音ベクトルの確率密度 $p_v(v)$ にこれを代入したもの，すなわち $p_v(r - s_m)$ に等しい．$p_v(v)$ は式 (6.29) で与えられる

から式 (6.45) を得る。

$$p(\boldsymbol{r} \mid \boldsymbol{s}_m) = p_v(\boldsymbol{r} - \boldsymbol{s}_m) = (\pi N_0)^{-\frac{n}{2}} e^{-\frac{|\boldsymbol{r} - \boldsymbol{s}_m|^2}{N_0}}$$
$$= (\pi N_0)^{-\frac{n}{2}} e^{-\frac{d_E^2(\boldsymbol{r},\boldsymbol{s}_m)}{N_0}} \tag{6.45}$$

ただし，$d_E(\boldsymbol{r},\boldsymbol{s}_m)$ は $\boldsymbol{r}$ と $\boldsymbol{s}_m$ の間の距離である。これは普通の距離であるが，ハミング距離と区別するためにユークリッド距離と呼ぶ。

なお，ユークリッド距離の2乗を2乗ユークリッド距離という。

$p(\boldsymbol{r} \mid \boldsymbol{s}_m)$ は $d_E(\boldsymbol{r},\boldsymbol{s}_m)$ の減少関数であるから，$p(\boldsymbol{r} \mid \boldsymbol{s}_m)$ を最大にする $\boldsymbol{s}_m$ を選択することは $d_E(\boldsymbol{r},\boldsymbol{s}_m)$ を最小にする $\boldsymbol{s}_m$ を選択することにほかならない。したがって，ユークリッド距離 $d_E(\boldsymbol{r},\boldsymbol{s}_m)$ を最小にする $\boldsymbol{s}_m$ を選択する復号器が最適復号器となる。

ここで得られた結果を要約すればつぎのとおりになる。すなわち図6.6の方式モデルにおける最適復号器はML復号器であり，受信標本値系列に対してユークリッド距離が最も近い送信信号を選定し，それに対応する情報語を出力する復号器である。これを用いることによって符号誤り率が最小の復号ができる。

6.4.2 最適復号器の構成

6.4.1項で得た最適復号器は受信標本値系列 $\boldsymbol{r}$ と送信信号 $\boldsymbol{s}_m$ との距離比較を行うものであったが，ここではそれを，送信データ $\boldsymbol{a}_m$ との距離比較を行う構成として具体化する。

図6.7はこのためのブロック図で，まず受信標本値系列のレベル調整[†]を行い，つぎに2乗ユークリッド距離

$$d_E^2(\boldsymbol{u}, \boldsymbol{a}_m) = \sum_{i=1}^{n}(u_i - a_{m,i})^2 \tag{6.46}$$

をすべての $\boldsymbol{a}_m$ に対して計算し，これを最小にする $\boldsymbol{a}_m$ を求め，さらに $\boldsymbol{a}_m$ を

[†] ここで用いた通信方式モデルでは，式 (6.25) に示すとおり $\boldsymbol{s}_m$ は $\boldsymbol{a}_m$ に対して $\sqrt{R_c E_b}$ だけの利得をもっている。$\boldsymbol{r}$ と $\boldsymbol{a}_m$ の距離比較をするためには，この利得をあらかじめ取り除いておく必要がある。

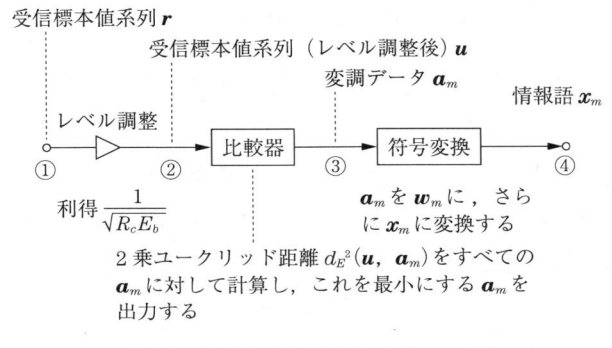

6.4 軟判定復号器の条件，構成および特性

図 6.7 軟判定 ML 復号器のブロック図

ブロック図の説明:
- ① 受信標本値系列 r → レベル調整（利得 $\dfrac{1}{\sqrt{R_c E_b}}$）
- ② 受信標本値系列（レベル調整後）u → 比較器
- ③ 変調データ a_m → 符号変換
- ④ 情報語 x_m

比較器：2乗ユークリッド距離 $d_E^2(u, a_m)$ をすべての a_m に対して計算し，これを最小にする a_m を出力する

符号変換：a_m を w_m に，さらに x_m に変換する

情報語 x_m に変換する。

6.4.3 符号誤り率の上限，下限

符号誤り率の厳密な値を直接計算ができない場合には，そのかわりに，上限および下限を用いることが有効である。

(1) **上　限**（upper bound）　真の符号誤り率よりもわずかに大きい値のことで，これが計算しやすければ，真の値の代用として利用できる。

(2) **下　限**（lower bound）　真の符号誤り率よりもわずかに小さい値のことで，これが計算しやすければ，つぎの(3)のように上限と組み合わせて利用できる。

(3) **タイトな上限，下限**　真の値は，上限と下限の間にある。上限と下限の間が狭いことをタイトだという。もし，十分タイトな上限，下限が得られたならば，結果的に，真の値が得られたことになる。

ここではまず準備として，信号間のユークリッド距離と2信号誤り率の計算を行い，それらを用いて上限および下限を求める。

〔1〕**信号間のユークリッド距離**　符号語 w_m に対する信号を s_m，符号語 $w_{m'}$ に対する信号を $s_{m'}$ とする。s_m と $s_{m'}$ の間のユークリッド距離 $d_{E,m,m'}$ は式 (6.47) で与えられる。

$$d_{E,m,m'}{}^2 = |\bm{s}_m - \bm{s}_{m'}|^2 = \sum_{i=1}^{N}(s_{m,i}-s_{m',i})^2 \tag{6.47}$$

式 (6.23) および式 (6.14) を用いて計算すれば式 (6.48) を得る.

$$d_{E,m,m'} = 2\sqrt{R_c E_b d_{H,m,m'}} \tag{6.48}$$

ただし, $d_{H,m,m'}$ は $\bm{w}_m$ と $\bm{w}_{m'}$ の間のハミング距離である.

〔2〕 **2 信号誤り率** 対象とする n 次元空間には全部で $M=2^k$ 種類の信号があるが, ここでは, そのうち二つの信号しか用いない場合の符号誤り率を計算する. 信号として式 (6.49) の $\bm{s}_m$ と $\bm{s}_{m'}$ を用いることにし, $\bm{s}_m$ を送信した場合について述べる.

$$\left.\begin{array}{l}\bm{s}_m = (s_{m,1},\ s_{m,2},\ \cdots,\ s_{m,n}) \\ \bm{s}_{m'} = (s_{m',1},\ s_{m',2},\ \cdots,\ s_{m',n})\end{array}\right\} \tag{6.49}$$

$\bm{s}_m$ と $\bm{s}_{m'}$ の間のユークリッド距離を $d_{E,m,m'}$ とする. $\bm{s}_m+\bm{v}$ と $\bm{s}_m$ および $\bm{s}_{m'}$ との間のユークリッド距離が式 (6.50) を満足するときに誤りが発生する.

$$d_E(\bm{s}_m+\bm{v},\ \bm{s}_m) > d_E(\bm{s}_m+\bm{v},\ \bm{s}_{m'}) \tag{6.50}$$

ただし, $\bm{v}$ は 6.2.4 項で示した雑音ベクトルである.

式 (6.50) を書き直すと式 (6.51) を得る.

$$\sum_{i=1}^{n}(s_{m',i}-s_{m,i})v_i > \frac{d_{E,m,m'}{}^2}{2} \tag{6.51}$$

この左辺は平均値が 0, 分散が $d_{E,m,m'}{}^2 N_0/2$ のガウス分布をする. したがって, 所望の符号誤り率, すなわち, 式 (6.51) が満足される確率は

$$P_e = Q\left(\frac{d_{E,m,m'}}{\sqrt{2N_0}}\right) \tag{6.52}$$

となる.

〔3〕 **符号誤り率の上限** ここで述べる上限はいわゆる union bound と呼ばれるもので, 簡単に計算できることが特徴である.

信号には $\bm{s}_1,\ \bm{s}_2,\ \cdots,\ \bm{s}_M$ の M 種類があるとする. 信号 $\bm{s}_m$ を送信した場合の符号誤り率の上限 $P_w{}^{(U)}(\bm{s}_m)$ は式 (6.53) で与えられる.

$$P_w{}^{(U)}(\bm{s}_m) = \sum_{m'\neq m} Q\left(\frac{d_{E,m,m'}}{\sqrt{2N_0}}\right) \tag{6.53}$$

6.4 軟判定復号器の条件，構成および特性

ただし，和の記号 $\sum_{m' \neq m}$ は m 以外のすべての m' に対する総和を示す。

総合の上限 $P_w{}^{(U)}$ は式（6.54）で与えられる。

$$P_w{}^{(U)} = \frac{1}{M} \sum_{m=1}^{M} P_w{}^{(U)}(\bm{s}_m) \tag{6.54}$$

【証 明】 信号 $\bm{s}_m$ を送信した場合の 受信標本値系列 を $\bm{r}$ とし，つぎの事象を定義する。これらを**誤り事象**（error event）と呼ぶ。

- 事 象 E：復号器出力における符号誤りの発生
- 事 象 $E_{m'}$：$\bm{r}$ が $\bm{s}_m$ よりもほかの信号 $\bm{s}_{m'}$ に近い事象，すなわち式（6.55）が成り立つ事象

$$d_E(\bm{r}, \bm{s}_m) > d_E(\bm{r}, \bm{s}_{m'}) \qquad (m' \neq m) \tag{6.55}$$

これらについて式（6.56）が成り立つ。ただし，記号 $\bigcup$ は**合同**（union）を示す。ここでは m 以外のすべての m' に対して合同をとるものとする。

$$E = \bigcup_{m' \neq m} E_{m'} \tag{6.56}$$

符号誤り率 $P_w(\bm{s}_m)$ は事象 E の発生確率 $\mathrm{Prob.}(E)$ である。これについて式（6.57）が成り立つ。

$$P_w(\bm{s}_m) = \mathrm{Prob.}(E) = \mathrm{Prob.}(\bigcup_{m' \neq m} E_{m'}) \leq \sum_{m' \neq m} \mathrm{Prob.}(E_{m'}) \tag{6.57}$$

ただし，等号は $E_{m'}$ がすべて排他的である場合に成り立つ。

ここで，事象 $E_{m'}$ の発生確率は〔2〕で計算した2信号誤り率であるから式（6.58）を得る。

$$P_w(\bm{s}_m) \leq \sum_{m' \neq m} Q\left(\frac{d_{E,m,m'}}{\sqrt{2 N_0}}\right) \tag{6.58}$$

したがって，式（6.53）を得る。

〔4〕 **符号誤り率の下限** 信号には $\bm{s}_1, \bm{s}_2, \cdots, \bm{s}_M$ の M 種類がある。信号 $\bm{s}_m$ を送信した場合の符号誤り率の下限 $P_w{}^{(L)}(\bm{s}_m)$ は式（6.59）で与えられる。

$$P_w{}^{(L)}(\bm{s}_m) = Q\left(\frac{d_{E,m,\min}}{\sqrt{2 N_0}}\right) \tag{6.59}$$

ただし，$d_{E,m,\min}$ は $d_{E,m,m'}$ の $m'(\neq m)$ に対する最小値を示す。

総合の下限 $P_w{}^{(L)}$ は式（6.60）で与えられる。

$$P_w{}^{(L)} = \frac{1}{M} \sum_{m=1}^{M} P_w{}^{(L)}(\bm{s}_m) \tag{6.60}$$

【証　明】 〔3〕の上限の証明と同じ前提において，任意の $m' (\neq m)$ に対して式 (6.61) が成り立つ．

$$P_w(s_m) = \text{Prob.}(E) = \text{Prob.}(\bigcup_{m' \neq m} E_{m'}) \geq \text{Prob.}(E_{m'}) \tag{6.61}$$

したがって

$$\text{Prob.}(E_{m'}) = Q\left(\frac{d_{E,m,m'}}{\sqrt{2N_0}}\right) \quad (m' \neq m) \tag{6.62}$$

は s_m を送信した場合における符号誤り率の下限になっている．これが最大になるのは $d_{E,m,m'}$ が最小値をとる場合である．したがって，式 (6.59) を得る．

6.4.4　符号化利得および漸近符号化利得

軟判定復号における符号化利得および漸近符号化利得の考え方は，6.3.2項において述べた硬判定復号の場合と同じである．軟判定復号の場合の漸近符号化利得を計算すれば式 (6.63) を得る．

$$\text{asymptotic coding gain(soft)} = R_c \, d_{H,\min} \tag{6.63}$$

ただし，R_c は符号化率，$d_{H,\min}$ は符号語間の最小ハミング距離である．

6.4.5　(7, 4) ハミング符号の例

〔1〕　**符号誤り率の上限，下限**　　これは線形符号であるから，オールゼロの符号語を送信した場合について計算を行えばよい．表6.1を参照すれば，オールゼロ符号語を送信したときの誤り事象には，ハミング距離が3のものが7通り，ハミング距離が4のものが7通り，ハミング距離が7のものが1通りある．

符号化率は $R_c = 4/7$，最小ハミング距離は $d_{H,\min} = 3$ である．式 (6.48) を用いて，それらの誤り事象のユークリッド距離を求めれば式 (6.64) のとおりになる．

$$
\left.\begin{aligned}
d_E &= \sqrt{\frac{48}{7} E_b} & (d_H = 3) \\
&= \sqrt{\frac{64}{7} E_b} & (d_H = 4) \\
&= 4\sqrt{E_b} & (d_H = 7)
\end{aligned}\right\} \tag{6.64}
$$

したがって，符号誤り率の上限は式（6.65）で与えられる．

$$
P_W{}^{(U)}(\text{coded, soft}) = 7Q\left(\sqrt{\frac{24 E_b}{7 N_0}}\right) + 7Q\left(\sqrt{\frac{32 E_b}{7 N_0}}\right) + Q\left(\sqrt{\frac{8 E_b}{N_0}}\right) \tag{6.65}
$$

符号誤り率の下限は式（6.66）のとおりになる．

$$
P_W{}^{(L)}(\text{coded, soft}) = Q\left(\sqrt{\frac{24 E_b}{7 N_0}}\right) \tag{6.66}
$$

〔2〕 **漸近符号化利得**　　式（6.63）より式（6.67）を得る．

$$
\text{asymptotic coding gain (soft)} = \frac{E_{b1}}{E_{b2}} = \frac{12}{7} \quad (2.34 \text{ dB}) \tag{6.67}
$$

6.5 インタリーブ

インタリーブ（interleaving）とは，系列中のデータの順序を置き換え，分散化を図ることにより，時間的なダイバーシティ効果を実現する操作である．これにはブロック符号におけるものと，畳込み符号におけるものがあるが，ここでは前者の原理を述べる．

図 6.8 に**インタリーブ回路**（interleaver）のメモリと，それに対する書込み，読出しの順序を示す．長さ LN の入力系列 $x_n (n = 0, 1, 2, \cdots, x_{LN-1})$

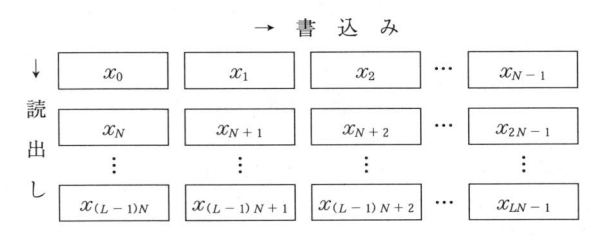

	→ 書込み			
↓	x_0	x_1	x_2	$\cdots$ x_{N-1}
読出し	x_N	x_{N+1}	x_{N+2}	$\cdots$ x_{2N-1}
	$\vdots$	$\vdots$	$\vdots$	$\vdots$
	$x_{(L-1)N}$	$x_{(L-1)N+1}$	$x_{(L-1)N+2}$	$\cdots$ x_{LN-1}

図 6.8 インタリーブ回路のメモリ

をこれに入力することとし，書込みは，第1行，第2行，…，第L行の順で行う．一方，これからの読出しは，第1列，第2列，…，第N列の順で行う．

インタリーブの効果について説明するため，まず，インタリーブを用いない回線の場合を述べる．伝送路における符号誤りが時間的に分散して生じる場合には，誤り制御符号のみでも訂正できるので問題はない．しかし，符号誤りが時間的に集中して生じる場合（これをバースト誤りという）には，誤り制御符号は効果を発揮できず，訂正は不可能になる．

実際の回線，例えばフェージングがある移動通信回線，電話回線を用いるデータ伝送などでは，しばしばバースト誤りが発生するから問題が大きい．

図6.9にインタリーブを用いる回線構成を示す．送信側には，誤り制御符号器とインタリーブ回路を設ける．一方受信側には，**デインタリーブ回路**（deinterleaver）と誤り制御復号器を設ける．デインタリーブ回路はインタリーブ回路の逆の操作を行う．

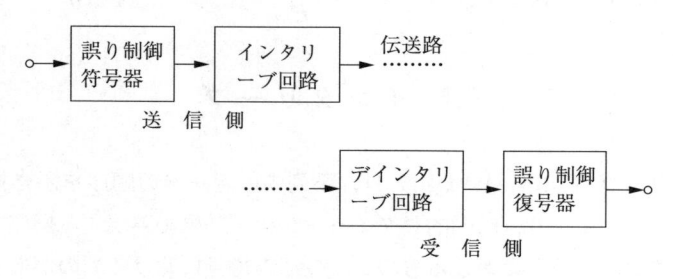

図6.9 インタリーブを用いる回線構成

この構成では，伝送データ系列にバースト誤りが発生しても，それを時間的に分散，分離してから復号器に入力するため，復号器の効果が十分に発揮され，誤りが訂正される．

演習問題

[**問6.1**] つぎの二つの系列の間のハミング距離 d_H を求めよ．
    0 0 1 0 1 1
    1 1 1 1 0 1

演習問題　85

[問 6.2] つぎの系列のハミング重み d_w を求めよ。
　　　　0 1 0 1 0 1 1

[問 6.3] つぎの二つの系列の間のユークリッド距離 d_E を求めよ。
　　　　3　0　−1　5　7
　　　　6　−8　0　−5　7

[問 6.4] (7, 4) ハミング符号を用いる方式モデル（BSC モデル）において受信語が 1 0 0 0 1 0 0 であった。これに対して最短距離（ハミング距離）にある符号語を求めよ。また受信情報語を求めよ。

[問 6.5] (7, 4) ハミング符号を用いる方式モデル（両極性伝送，軟判定 ML 復号，図 6.6）において受信標本値系列（レベル調整後）が
　　　　1.2　−1　0　−1.1　1.3　4　−1.1
であった。以下の問に答えよ。
　（1）　この受信標本値系列に対して最短距離（ユークリッド距離）にある変調データ系列を求めよ。
　（2）　これに対する符号語を求めよ。
　（3）　これに対する受信情報語を求めよ。

[問 6.6] 情報ビット 0 を符号語 0 0 0 に，情報ビット 1 を符号語 1 1 1 に対応させるブロック符号について以下の問に答えよ。
　（1）　符号化率 R_c を求めよ。
　（2）　ハミング距離 d_H を求めよ。
　（3）　誤り訂正能力 t を求めよ。
　（4）　両極性伝送，硬判定 ML 復号における漸近符号化利得は何デシベルか。
　（5）　両極性伝送，軟判定 ML 復号における漸近符号化利得は何デシベルか。
　（6）　この符号は線形符号か。また，その理由を述べよ。
　（7）　BSC モデルにおいて，情報語 0 を送信した場合について，可能なすべての受信語およびその発生確率をリストアップせよ。また，そのおのおのに対して最短距離にある符号語および受信情報ビットを記せ。

[問 6.7] 図 6.6 の軟判定復号を用いる通信方式モデルに (7, 4) ハミング符号を適用した場合の符号誤り率の上限 $P_w^{(U)}$ (coded, hard) および下限 $P_w^{(L)}$ (coded, hard) を E_b/N_0 の関数として計算し，図示せよ。また，符号化なしの方式の符号誤り率 P_w (uncoded) を E_b/N_0 の関数として計算し，その図に記入せよ。ただし E_b/N_0 は dB 表示すること。

[問 6.8] 線形符号においては，符号語のハミング重みの分布がハミング距離の分布と一致することを証明せよ。

7. 畳込み符号の通信方式への適用

畳込み符号（convolutional codes）は誤り制御符号の一種で，比較的簡単な符号器で，かなり大きい符号化利得を得ることができることが特徴であり，実用性に富んでいる。

畳込み符号器は，シフトレジスタと加算器により構成される。加算器は論理加算を行う。畳込み符号器の動作は，状態とその遷移によって記述できる。ここでは状態遷移図およびトレリス図を具体例によって説明する。

畳込み符号を用いる通信方式における復号法には，ブロック符号の場合と同様に，硬判定復号と軟判定復号がある。硬判定復号では，誤りを含む受信語に対して，ハミング距離が最も近い符号語を選定する。軟判定復号では，雑音が重畳した受信標本値系列に対して，ユークリッド距離が最も近い送信信号を選定する。これらの復号法を実行しようとすると，計算量の問題が出てくる。というのは，符号長の増大につれて，対象とする符号語の数が指数関数的に増加するからである。この計算量は**ビタビアルゴリズム**（Viterbi algorithm）の適用によって削減することができる。これは，トレリス図に沿って，不要なパスを順次削除しながら計算を進める方法である。本章ではこれを具体例によって解説する。

オールゼロ符号語でない符号語を誤り事象と呼ぶ。畳込み符号の伝達関数を用いれば，誤り事象の種類とそのハミング重みを系統的に計算でき，ビット誤り率の上下限および漸近符号化利得を求めることができる。

7.1 畳込み符号の基礎

7.1.1 畳込み符号器の構成

畳込み符号器とは，シフトレジスタと加算器によって構成される符号器であ

る（加算器は論理加算を行う）。**図7.1**（a）はこの一例で，2段のシフトレジスタと一つの加算器によって構成され，1 bit の入力に対して 2 bit の出力を生じる。したがって，この符号器の**符号化率**（code rate）R_c は 1/2 である。

シフトレジスタの段数をその符号器の**拘束長**（constraint length）という。したがって，図7.1（a）は拘束長 2，符号化率 1/2 の符号器である。図（b）は，同じ符号器を遅延素子を用いて表現したものである。遅延素子は，T あるいは D と書くのが普通である。この 2 種類の表現は，ともによく用いられる。

図7.1 畳込み符号器の例 ($L=2$, $R_c = 1/2$)

図7.2 畳込み符号器の例 ($L=3$, $R_c = 1/3$)

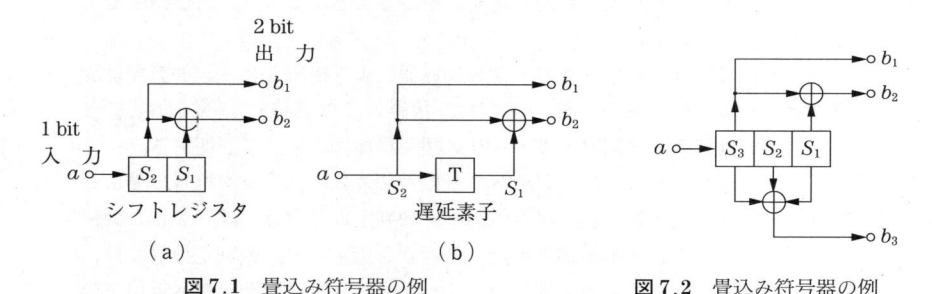

図7.2 に畳込み符号器のもう一つの例を示す。これは拘束長 3，符号化率 1/3 の符号器である。

図7.3 に，畳込み符号器の一般的な構成を示す。これには，L 段のシフトレジスタが k 組用いられている。この場合の拘束長は L である。

左側の入力端子から，1 クロックごとに k bit の並列入力を加える。図の下にある演算回路は，$M = Lk$ 個の 2 進数 S_1, S_2, $\cdots$, S_M に対して線形演算を行い，n bit の出力を生じる。この演算は式（7.1）のとおりになる。

$$\left.\begin{aligned}w_1 &= g_{11}S_1 \oplus g_{12}S_2 \oplus \cdots \oplus g_{1M}S_M \\ w_2 &= g_{21}S_1 \oplus g_{22}S_2 \oplus \cdots \oplus g_{2M}S_M \\ &\vdots \\ w_n &= g_{n1}S_1 \oplus g_{n2}S_2 \oplus \cdots \oplus g_{nM}S_M \\ M &= Lk \end{aligned}\right\} \quad (7.1)$$

7.1 畳込み符号の基礎　89

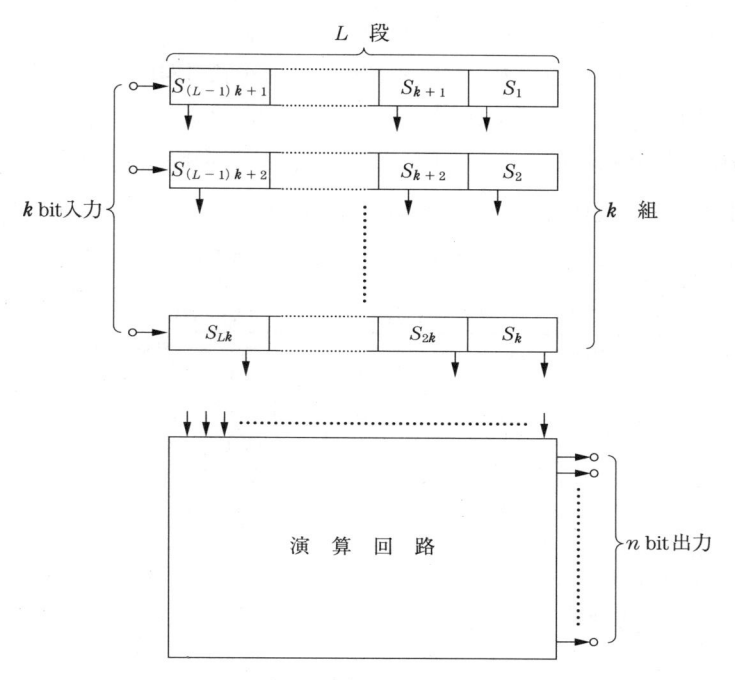

図7.3 畳込み符号器の一般的な構成

ただし，係数 g_{ij} は 1 か 0 かをとる定数であり，加算は論理加算である。なお，一般的には，内部帰還をもつ構成も存在するが，ここでは省略する。

図 7.3 においていちばん右側の列 S_1, S_2, $\cdots$, S_k を除いた

S_{k+1}, S_{k+2}, $\cdots$, S_{2k},

S_{2k+1}, S_{2k+2}, $\cdots$, S_{3k},

$\vdots$

$S_{(L-1)k+1}$, $S_{(L-1)k+2}$, $\cdots$, S_{Lk}

をこの符号器の状態と呼ぶ。

7.1.2 状態とその遷移

畳込み符号器の動作は，**状態**（state）とその**遷移**（transition）によって記述される。これを図 7.1 の符号器を例にとって説明する。ただしここでは，符

号器出力はシリアルに読み出されるとする。

図（a）において，左側のレジスタの値 S_2 をこの符号器の状態という。これには 0 と 1 とがある。この状態に対して，入力 0 あるいは 1 を印加すると，それに対応して出力を生じるとともに，符号器はつぎの状態に遷移する。これを**表 7.1** に示す。表に対する**状態遷移図**（state transition diagram）を**図 7.4** に示す。これが表と同じ内容を示していることを確かめてほしい。

表 7.1　畳込み符号器（図 7.1）の状態遷移表

初期状態 S_2	入力 a	入力後のレジスタ $S_1 S_2$	出力 $b_1 b_2$	遷移後の状態 S_2
0	0	0 0	0 0	0
	1	0 1	1 1	1
1	0	1 0	0 1	0
	1	1 1	1 0	1

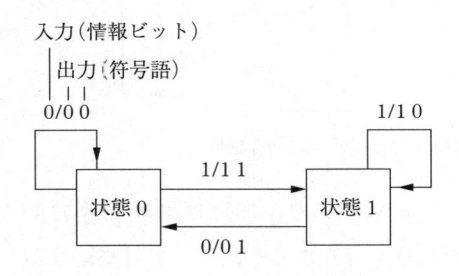

図 7.4　畳込み符号器（図 7.1）の状態遷移図

符号器への入力が継続的であれば，出力も継続的に生じる。その時間的経過を図式的に把握するためには，トリー図あるいはトレリス図が用いられる。ここでは**トレリス図**（trellis diagram）について述べる。

トレリス図におけるおもな用語を以下に示す。

- ノ　ー　ド　　状態を示す点
- ブランチ(枝)　　ノード間の遷移を示す線分
- パ　　ス　　時間の経過に沿って，ブランチを切れ目なくつないでつくった経路
- ブランチメトリック　　ブランチに与えた数値
- パスメトリック　　パスに沿ったブランチメトリックの総和

7.1 畳込み符号の基礎　　91

現在の例（図7.1の符号器）におけるトレリス図を**図7.5**に示す。ただし，符号器は時刻0において状態0から動作を開始したとしている。

（a）ブランチメトリック：情報ビット

（b）ブランチメトリック：符号語

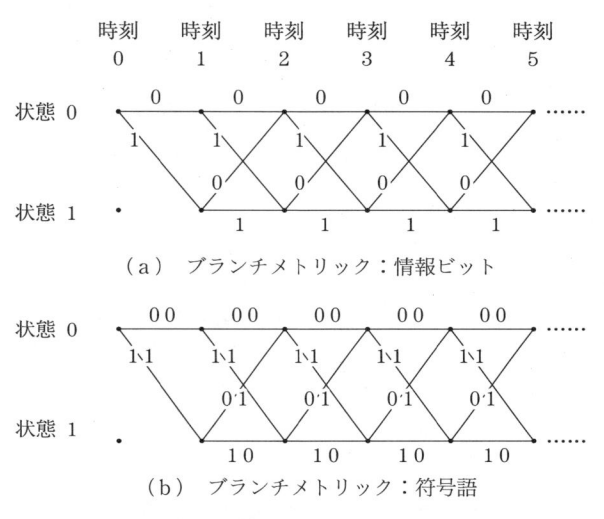

図7.5　畳込み符号器（図7.1）のトレリス図

図（a）では，情報ビット（符号器入力）をブランチメトリックとしている。一方，図（b）では，符号語（符号器出力）をブランチメトリックとしている。トレリス図は，ディジタル伝送方式におけるアイパターンと同じ主旨のものである。これらはともに，記憶が存在する系（前者ではシフトレジスタ，後者では符号間干渉）における特性の記述，評価に便利である。

つぎに図7.2の符号器の場合を示す。同図にて，入力を a，状態を S_2, S_3，出力を b_1, b_2, b_3 とする。この状態遷移図を**図7.6**に，トレリス図を**図7.7**に示す。

畳込み符号器のトレリス図は，あらゆる入力情報語（情報ビット系列）に対する出力符号語を重ね書きしたものである。トレリス図におけるパスは畳込み符号器の出力符号語に1対1に対応する。すなわちパスは符号語そのものを表している。

7. 畳込み符号の通信方式への適用

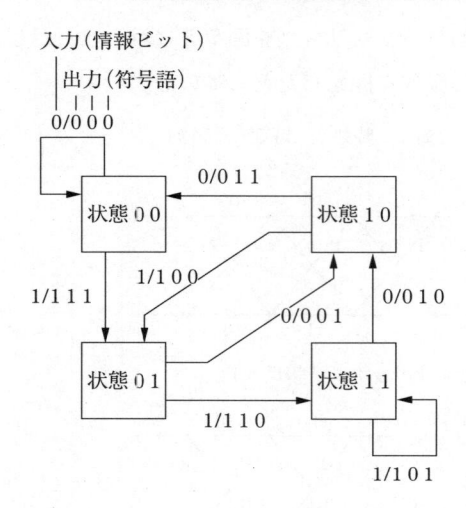

図 7.6 畳込み符号器（図 7.2）の状態遷移図

(a) ブランチメトリック：情報ビット

(b) ブランチメトリック：符号語

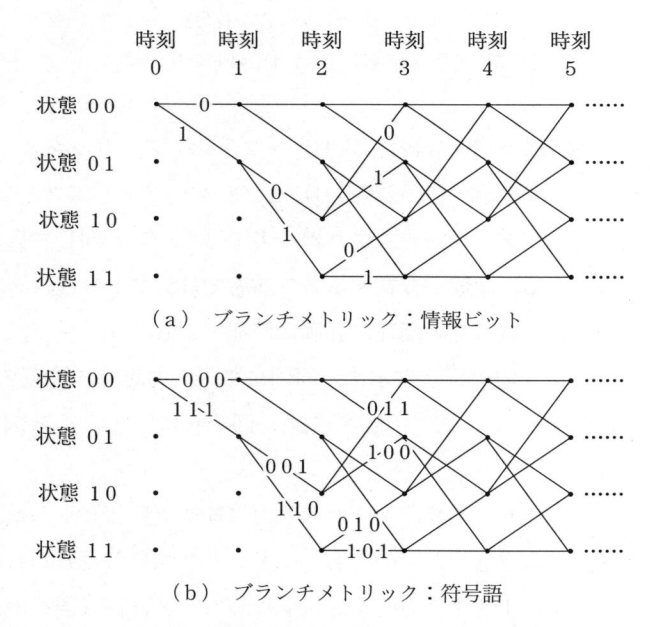

図 7.7 畳込み符号器（図 7.2）のトレリス図

7.1.3 畳込み符号とブロック符号の関係

畳込み符号器に対する入力情報語を有限長とすれば，その出力符号語もやはり有限長になる．したがって，畳込み符号はブロック符号の一種であり，6章で述べたブロック符号の性質を満足する．このため，畳込み符号の解析にあたっては，ブロック符号理論の結果が利用できる．さらに，畳込み符号は線形符号である．

7.2 通信方式モデルと復号法

ここで用いる通信方式モデルを，図7.8および図7.10に示す．これらはともに両極性伝送を行い，5章で述べた基本条件（整合フィルタ受信，ゼロ符号間干渉）を満たすものとする．

7.2.1 硬判定復号の場合

〔1〕 **通信方式モデル**　図7.8に畳込み符号化・硬判定復号を用いる通信方式モデルを示す．送信側では，まず畳込み符号器により送信情報語（情報ビ

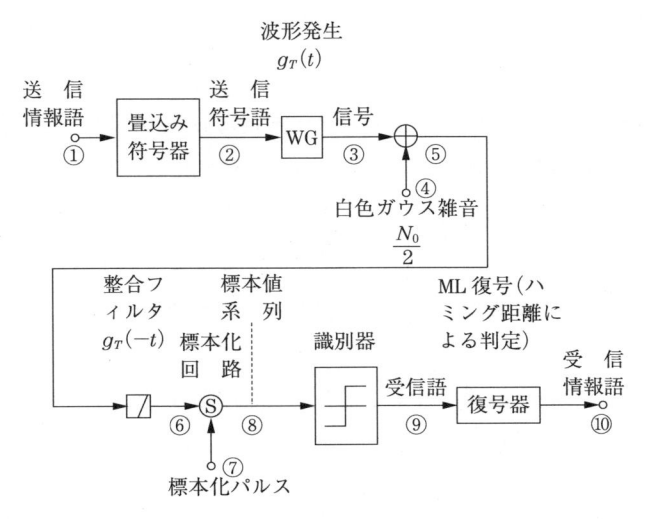

図7.8　畳込み符号化・硬判定復号を用いる通信方式モデル

ット系列）を送信符号語に変換する。つぎにこの送信符号語を波形発生器を用いて両極性信号に変換し，送信する。受信側では，この送信情報語に白色ガウス雑音が加わったものを，まず整合フィルタ受信，標本化，識別して受信語を得る。つぎにこの受信語を復号器により受信情報語に変換する。

送信情報語における各情報ビットは独立・等確率で0，1をとるものとする。この場合には，畳込み符号器の出力である送信符号語は等確率で発生するから，その復号に，ML復号（ハミング距離判定）を使うことにより，符号誤り率が最も小さい復号ができる。

〔2〕 復 号 法

(1) **トレリス図におけるパスの形成** 送信側において，送信情報語のビット系列が図7.8①に加えられると，②に送信符号語が発生し，それに応じて，トレリス図上に一つのパスが形成される。

もし，伝送路における符号誤りがなければ，図中の⑨における受信語は，トレリス図上で，送信側と同じパスを形成する。そして，それから送信情報語のビット系列が復元できる。しかし，伝送路において符号誤りが発生すると，受信側のトレリス図では，送信側と同じパスは形成できない。この場合には，受信語から，最尤パス（確率的に最も確からしいパス）を推定しなければならない。

(2) **ML 復 号** ここでは，パスの推定において，符号誤り率が最小になるように，ML復号を適用する。これは，具体的には，与えられた受信語に対して，ハミング距離が最も近いパスを選ぶことである。

この仕事を全数検査で行うと，計算量が問題となる。何となれば，符号長の増加につれて，対象とするパスの数が指数関数的に増加するからである。この対策として，トレリス図に沿って，各ステップごとにハミング距離を計算，比較し，大きいハミング距離を与えるブランチを削除して，対象パスの数をなるべく少なくしながら計算を進める方法がある。この方法は，提案者の名前を付けてビタビアルゴリズムと呼ばれている。

(3) **ビタビアルゴリズムの適用** 図7.1の符号器を用いる場合につい

て，ビタビアルゴリズムの適用を具体的に説明する。ここでは送信信号は有限長とし，トレリス図は状態 0 で始まり，状態 0 で終了するものとする。

図 7.8 ⑨ における受信語が

　　1 1 1 1 0 0 0 0 0 0

の場合について検討する。

この受信語が図 7.5（b）のトレリス図においてパスを形成しないことは視察により明らかである。したがって，ビタビアルゴリズムを用いて，最尤パスを推定しなければならない。

まず，トレリス図のブランチメトリックとして受信語と符号語〔図 7.5（b）参照〕との間のハミング距離を計算，記入すれば**図 7.9（a）**を得る。

つぎの仕事は，パスメトリック（パスに沿ったブランチメトリックの和）が最小となるパスを見いだすことである。すべてのパスについて計算，比較を行う力ずくの方法では，計算量が大きくなるので，つぎの手順により進める。

第 1 段階の計算を図 7.9（b）に示す。開始時のメトリックは 0 とする。ⓐ におけるパスメトリックは $0+2=2$，ⓑ におけるパスメトリックは $0+0=0$ となる。

第 2 段階の計算とブランチ選択を図（c）に示す。ノード ⓒ におけるパスメトリックの計算はつぎのとおりである。

　　　ⓐ → ⓒ によるもの　　$2+2=4$
　　　ⓑ → ⓒ によるもの　　$0+1=1$

ML 復号のためには，パスメトリックの小さいパスを選ぶ必要があるから，ブランチ ⓐ → ⓒ は棄却し，ブランチ ⓑ → ⓒ を採用する。ノード ⓒ におけるパスメトリックは当然小さいほうを選び 1 とする。ノード ⓓ における計算とブランチ選択も同様にして行う。

このような計算とブランチの選択を最後まで行った結果を図（d）に示す。これには，行く先のないブランチがいくつか残っているが，それらは当然棄却されなければならない。

したがって，最終的な結果として図（e）を得る。このように最終的に残っ

96　　7. 畳込み符号の通信方式への適用

```
受信語    1 1    1 1    0 0    0 0    0 0
```

(a) トレリス図（ブランチメトリック：ハミング距離）

(b) パスメトリックの計算（第1段階）

(c) パスメトリックの計算（第2段階）およびブランチの選択

(d) パスメトリックの計算およびブランチの選択が一応終了したときの図

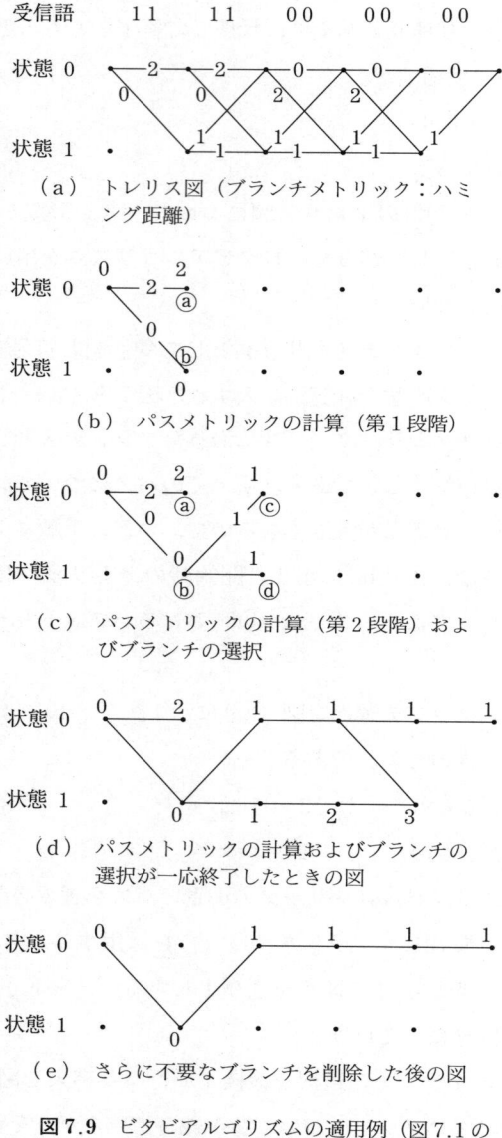

(e) さらに不要なブランチを削除した後の図

図7.9 ビタビアルゴリズムの適用例（図7.1の符号器，硬判定復号）

7.2 通信方式モデルと復号法　97

たパスを**生き残りパス**（survivor path）と呼ぶ．これに対する受信情報語は，図 7.5（a）で同じパスをたどることにより得られ

　　1　0　0　0　0

となる．

7.2.2　軟判定復号の場合

〔1〕　**通信方式モデル**　　図 7.10 に示す通信方式モデル（両極性伝送，軟判定復号）において，送信情報語における各情報ビットは独立・等確率で 0，1 をとるものとする．この場合には，畳込み符号器の出力である送信符号語は等確率で発生するから，その復号に，ML 復号（ユークリッド距離判定）を使うことにより，符号誤り率が最も小さい復号ができる．

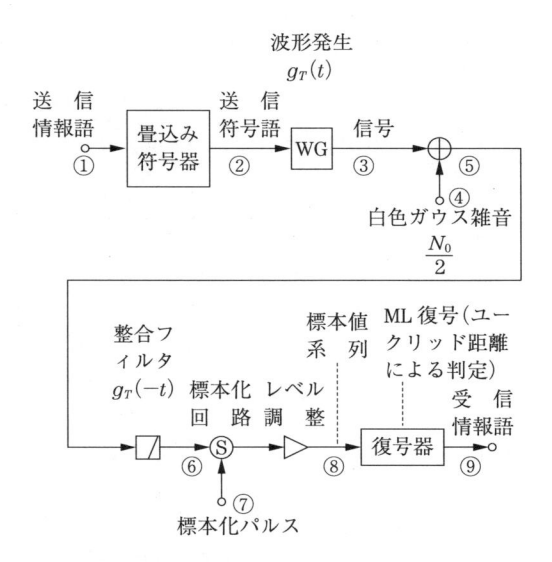

図 7.10　畳込み符号化・軟判定復号を用いる通信方式モデル

〔2〕　**復　号　法**　　この場合の復号は，7.2.1 項の硬判定復号の場合とほとんど同じである．唯一の違いは，ハミング距離ではなく，ユークリッド距離で判定を行うことである．

図 7.10 の復号器入力における標本値系列は変調データと直接比較できるようにレベル調整されている (6.4.2 項参照)。また,トレリス図は状態 0 で始まり,状態 0 で終了するものとする。具体例によって説明するため,復号器入力を

1.1, 0.9, −0.8, 1.3, −0.5, −1.2, −2, −0.9, −1.1, −1

とする。これに対する復号処理のトレリス図を**図 7.11** に示す。

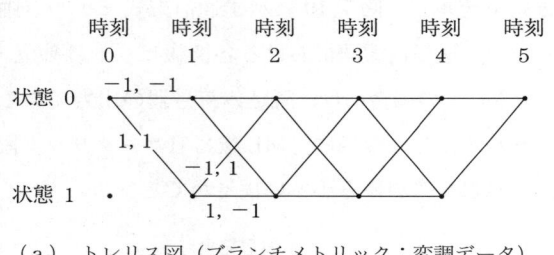

```
            時刻    時刻    時刻    時刻    時刻    時刻
             0      1      2      3      4      5
           −1, −1
状態 0  •─────────•──────•──────•──────•──────•
             \    /\    /\    /\    /\    /
           1, 1  \/  \/  \/  \/  \/
                 −1, 1
状態 1  •        •──────•──────•──────•──────•
                 1, −1
```

(a) トレリス図 (ブランチメトリック：変調データ)

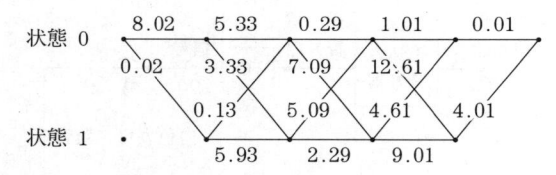

```
           8.02    5.33   0.29    1.01    0.01
状態 0  •──────•──────•──────•──────•──────•
         0.02   3.33   7.09   12.61
               0.13   5.09   4.61   4.01
状態 1  •      •──────•──────•──────•──────•
               5.93   2.29   9.01
```

(b) トレリス図 (ブランチメトリック：2 乗ユークリッド距離)

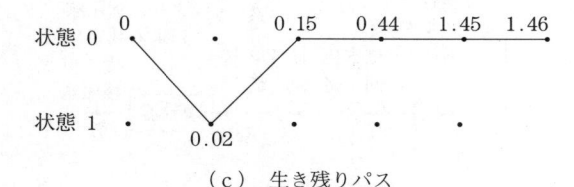

```
           0            0.15   0.44   1.45   1.46
状態 0  •      •──────•──────•──────•──────•
                \    /
状態 1  •      •      •      •      •
                0.02
```

(c) 生き残りパス

図 7.11 ビタビアルゴリズムの適用例
(図 7.1 の符号器,軟判定復号)

図 (a) は変調データをブランチメトリックとしたトレリス図である。これは図 7.5 (b) において 0 を −1 に書き換えたものである (両極性伝送)。

図 (b) は,ブランチメトリックとして,復号器入力と変調データとの間の

2乗ユークリッド距離（ユークリッド距離を2乗した値）を記入したトレリス図である．これに対して，ビタビアルゴリズムを適用する．硬判定の場合と同様に，時刻0から開始し，パスメトリック（2乗ユークリッド距離の総和）の計算とブランチの選択を順次進める．この際，小さいパスメトリックを与えるブランチを選択することはいうまでもない．

この結果得られた生き残りパスを図（c）に示す．これに対する受信情報語は，図7.5（a）において同じパスをたどることにより得られ

　　1 0 0 0 0

となる．

7.3 符号誤り率

7.3.1 誤り事象，最短距離誤り事象および最小自由距離

本書における畳込み符号は線形符号である．したがって，符号誤り率の計算は，オールゼロ情報語，すなわちオールゼロ符号語を送信した場合について行えばよい．

オールゼロ以外の符号語を**誤り事象**（error event）と呼ぶ．図7.8の方式モデル（硬判定復号）において，訂正不可能な誤りが生じた場合には，復号器が判定した符号語は誤り事象になっている．7.2.1項に示した図7.9（e）はこの一例である．

オールゼロ符号語にハミング距離が最も近い誤り事象を**最短距離誤り事象**（minimum distance error event）と呼ぶ．これは，発生確率が最も大きく，符号誤り率に対して最も大きな影響を与える．なお，最短距離誤り事象を**最短距離パス**（minimum distance path）とも呼ぶ．

図7.1の符号器を用いる場合の最短距離誤り事象の例を**図7.12**に示す．これらのハミング重み，すなわち，オールゼロ符号語との間のハミング距離は3である．一般に，最短距離誤り事象のハミング重みを**最小自由距離**（minimum free distance）と呼び d_{free} と書く．図7.1の符号器の d_{free} は3である．

100   7. 畳込み符号の通信方式への適用

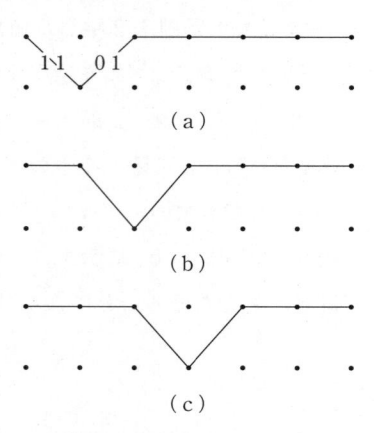

```
·  ·  ·  ·  ·  ·  ·  ·  ·
      \1  0 1/
          \/
          (a)

·  ·  ·  ·  ·  ·  ·  ·  ·
         \   /
          \ /
           V
          (b)

·  ·  ·  ·  ·  ·  ·  ·  ·
            \   /
             \ /
              V
             (c)
```

図7.12 最短距離誤り事象の例
（図7.1の符号器）

7.3.2 畳込み符号の伝達関数

畳込み符号を用いる通信方式の符号誤り率特性を解析するためには，その誤り事象の特性を知らなければならない．畳込み符号の伝達関数は，このための系統的な方法を与えるものである．

つぎの条件を満足する誤り事象を，代表的誤り事象と呼ぶことにする．

・**代表的誤り事象**　　時刻ゼロにおいてオールゼロパスから分離し，その後オールゼロパスに戻ってからは，二度とオールゼロパスから分離することのないパス

一般的な誤り事象は，代表的誤り事象の時間的シフト，およびそれらの組合せによって表現できる．代表的誤り事象は，状態遷移図を変形してシグナルフローグラフをつくり，その伝達関数を計算して求めることができる．これについて具体的な例を用いて説明する．

［**例 1**］　図7.1の符号器の状態遷移図は，図7.4に示したとおりである．これを，代表的誤り事象のみが生じるように書き直したものが**図7.13**（a）である．この図では，状態0からの遷移は状態1へのものしか許されない．また，状態1からひとたび状態0に遷移したら，それで終わりになる．したがって，

7.3 符号誤り率

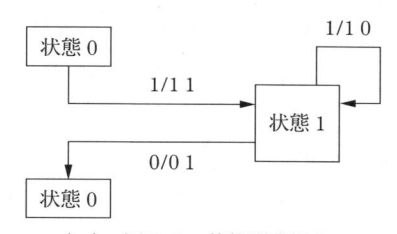

(a) 図 7.4 の状態遷移図を、代表的誤り事象のみが生じるように書き直した図

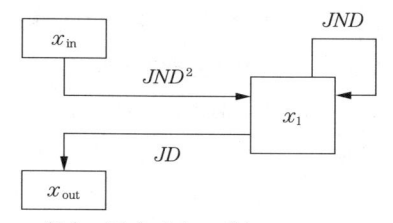

(b) 図 (a) をシグナルフローグラフに書き直した図

図 7.13 伝達関数を求めるためのシグナルフローグラフ（図 7.1 の符号器）

この図は代表的誤り事象のみを表している。

図 7.13（a）をシグナルフローグラフに書き直したものを図（b）に示す。ここで、状態間の遷移を示す数値は、それに対応する伝達関数に置き換えてある。ただし、記号 J は、各遷移に必ず一つ記入する。記号 N は、その遷移が入力 1 によって生じた場合に記入する（一般的には、記号 N のべきは入力における 1 の数を示す）。記号 D のべきはその遷移のハミング重みを示す。この場合の遷移と伝達関数の関係は**表 7.2** のとおりになる。

表 7.2 各遷移に対する伝達関数

遷　　移	伝達関数
1 / 1 1	JND^2
1 / 1 0	JND
0 / 0 1	JD

図 7.13 のシグナルフローグラフにおいて式 (7.2), (7.3) が成り立つ。

$$x_1 = JND^2 x_\text{in} + JND x_1 \tag{7.2}$$

$$x_\text{out} = JD x_1 \tag{7.3}$$

伝達関数 $T(D, N, J)$ を x_out と x_in の比として定義する。計算の結果

$$T(D, N, J) = \frac{J^2 ND^3}{1 - JND} = J^2 ND^3 + J^3 N^2 D^4 + J^4 N^3 D^5 + \cdots \tag{7.4}$$

を得る。

式 (7.4) の各項が代表的誤り事象を示す。すなわち，第1項においては

J^2　　この代表的誤り事象は，長さが2，すなわち2ブランチにわたるパスであることを示す。

N　　この代表的誤り事象においては，情報1bitの誤りが生じていることを示す。

D^3　　この代表的誤り事象とオールゼロ符号語との間のハミング距離が3であることを示す。

となっている。これは最短距離誤り事象で，ハミング距離は3である。したがって，この符号器（図7.1の符号器）の最小自由距離は3である。

つぎに第2項においては

J^3　　この代表的誤り事象は，長さが3，すなわち3ブランチにわたるパスであることを示す。

N^2　　この代表的誤り事象においては，情報2bitの誤りが生じているこ

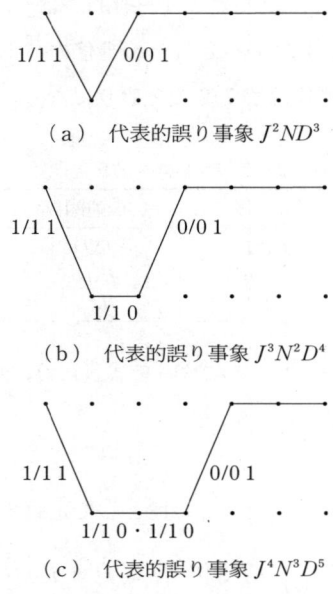

（a）　代表的誤り事象 J^2ND^3

（b）　代表的誤り事象 $J^3N^2D^4$

（c）　代表的誤り事象 $J^4N^3D^5$

図 **7.14**　代表的誤り事象の例
　　　（図7.1の符号器）

とを示す。

D^4 　この代表的誤り事象とオールゼロ符号語との間のハミング距離が 4 であることを示す。

となっている（以下同様）。

要するに，伝達関数 $T(D, N, J)$ の展開式の各項は，それぞれ異なる代表的誤り事象に対応し，J のべきはその長さを，N のべきは情報ビットの誤りの数を，D のべきはハミング重みを示す。

これらの代表的誤り事象を図 7.14 に示す。

［例 2］　図 7.2 の畳込み符号器の場合を示す。この状態遷移図は図 7.6 に示したとおりである。この符号の伝達関数を求めるためのシグナルフローグラフを図 7.15 に示す。

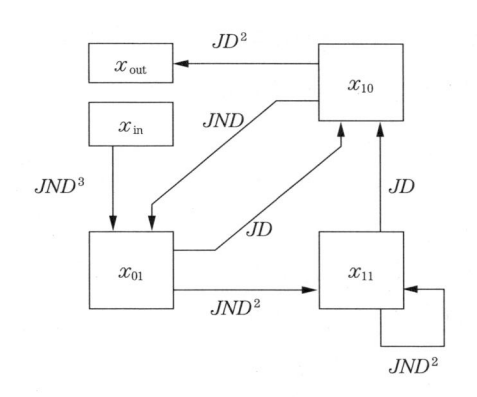

図 7.15　伝達関数を求めるためのシグナルフローグラフ（図 7.2 の符号器）

図 7.15 のシグナルフローグラフから式 (7.5) を得る。

$$\left.\begin{aligned} x_{01} &= JND^3 x_{\text{in}} + JND x_{10} \\ x_{10} &= JD x_{01} + JD x_{11} \\ x_{11} &= JND^2 x_{01} + JND^2 x_{11} \\ x_{\text{out}} &= JD^2 x_{10} \end{aligned}\right\} \tag{7.5}$$

したがって，伝達関数 $T(D, N, J)$ は式 (7.6) のとおりになる。

$$T(D, N, J) = \frac{x_{\text{out}}}{x_{\text{in}}} = \frac{J^3 ND^6}{1 - JND^2(1 + J)}$$

$$= J^3 ND^6 + J^4 N^2 D^8 + J^5 N^2 D^8 + J^5 N^3 D^{10}$$
$$+ 2J^6 N^3 D^{10} + \cdots \tag{7.6}$$

この第1項は最短距離誤り事象で，ハミング距離は6である。したがって，この符号の最小自由距離は6である。

7.3.3 ビット誤り率の上限および漸近符号化利得

これまでに述べた伝達関数を用いて，ビット誤り率の上限および漸近符号化利得を得ることができる。まず準備として $J=1$ とした伝達関数

$$T(D, N, 1) = T(D, N) \tag{7.7}$$

を定義する。$T(D, N)$ は一般に式 (7.8) の形をとる。

$$T(D, N) = \sum_{d=d_{\text{free}}}^{\infty} a(d) N^{f(d)} D^d \tag{7.8}$$

ここで，$a(d)$ は距離 d の代表的誤り事象の個数である。$f(d)$ はその代表的誤り事象における情報ビット誤りの数である。さらにここで，指数 $\beta(d)$ を

$$\beta(d) = a(d) f(d) \tag{7.9}$$

で定義する。$\beta(d)$ は，距離 d をもつすべての代表的誤り事象における情報ビットの誤りの総数を示す。

〔1〕 **ビット誤り率の上限**　軟判定復号の場合のビット誤り率の上限を計算すると式 (7.10) を得る（なお硬判定復号の場合については付録 E を参照）。

$$P_b^{(U)}(\text{coded, soft}) = \sum_{d=d_{\text{free}}}^{\infty} \beta(d) Q\left(\sqrt{\frac{2 d R_c E_b}{N_0}}\right) \tag{7.10}$$

〔2〕 **漸近符号化利得**　硬判定復号の場合の漸近符号化利得は式 (7.11) で与えられる。

$$\text{asymptotic coding gain (hard)} = rR_c \tag{7.11}$$

ただし，R_c は符号化率であり，r は式 (7.12) で与えられる。

$$\left.\begin{aligned} r &= \frac{d_{\text{free}} + 1}{2} \quad (d_{\text{free}} : 奇数) \\ &= \frac{d_{\text{free}}}{2} \quad (d_{\text{free}} : 偶数) \end{aligned}\right\} \tag{7.12}$$

7.3 符号誤り率

軟判定復号の場合の漸近符号化利得は式 (7.13) で与えられる。

$$\text{asymptotic coding gain (soft)} = d_{\text{free}} R_c \qquad (7.13)$$

[例1] 図7.1の符号器では，$R_c = 1/2$，$d_{\text{free}} = 3$である。$a(d)$，$f(d)$および $\beta(d)$は**表7.3**のとおりになる。

表7.3 $a(d)$，$f(d)$および$\beta(d)$の表
(図7.1の符号器)

d	$a(d)$	$f(d)$	$\beta(d)$
3	1	1	1
4	1	2	2
5	1	3	3
6	1	4	4

軟判定復号のビット誤り率の上限は式 (7.14) のとおりになる。

$$P_b^{(U)}(\text{coded, soft}) = Q\!\left(\sqrt{\frac{3E_b}{N_0}}\right) + 2Q\!\left(\sqrt{\frac{4E_b}{N_0}}\right) + 3Q\!\left(\sqrt{\frac{5E_b}{N_0}}\right) + \cdots \qquad (7.14)$$

軟判定復号の漸近符号化利得は 3/2 (1.76 dB) となる。

[例2] 図7.2の符号器では，$R_c = 1/3$，$d_{\text{free}} = 6$である。$T(D, N)$は式 (7.15) で与えられる。

$$T(D, N) = ND^6 + 2N^2D^8 + 4N^3D^{10} + 8N^4D^{12} + \cdots \qquad (7.15)$$

式 (7.15) より**表7.4**を得る。

軟判定復号におけるビット誤り率の上限は式 (7.16) のとおりになる。

表7.4 $a(d)$，$f(d)$および$\beta(d)$の表
(図7.2の符号器)

d	$a(d)$	$f(d)$	$\beta(d)$
6	1	1	1
8	2	2	4
10	4	3	12
12	8	4	32

$P_b^{(U)}(\text{coded, soft})$

$$= Q\left(\sqrt{\frac{4E_b}{N_0}}\right) + 4Q\left(\sqrt{\frac{16E_b}{3N_0}}\right) + 12Q\left(\sqrt{\frac{20E_b}{3N_0}}\right) + \cdots \quad (7.16)$$

軟判定復号における漸近符号化利得は 2（3 dB）となる。

演 習 問 題

[問 7.1] 図 7.1 の符号器を用いる両極性伝送方式（硬判定 ML 復号）において受信語が

1 1 0 1 0 0 1 1 0 1

であった。受信情報語を求めよ。ただし，この場合のトレリス図は状態 0 から出発している。

[問 7.2] 図 7.2 の符号器を用いる両極性伝送方式（硬判定 ML 復号）において受信語が

1 1 1 0 0 1 1 0 0 1 1 0 1 0 1 1 0 1 0 1 0 0 1 1

であった。受信情報語を求めよ。ただし，この場合のトレリス図は状態 0 から出発している。

[問 7.3] 図 7.16 の畳込み符号器に関して，つぎの文章における ① 〜 ⑥ の空白を埋めよ。

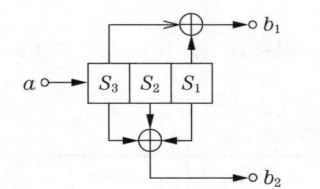

図 7.16　入力 a，状態 S_2S_3，出力 b_1b_2

状態 0 0 において 0 を入力した。この結果，状態は　①　に遷移し，出力　②　を生じた。

状態 0 1 において 1 を入力した。この結果，状態は　③　に遷移し，出力　④　を生じた。

状態 1 1 において 0 を入力した。この結果，状態は　⑤　に遷移

し，出力 ⑥ を生じた。

[**問 7.4**] 図 7.16 の畳込み符号器について以下の問に答えよ。
  （1） 状態遷移図およびトレリス図を描け。その各ブランチに入出力 a/b_1b_2 を記入せよ。
  （2） 代表的誤り事象のうちハミング重みが最も小さいものおよびそれに次ぐものを示せ。
  （3） 最小自由距離 d_{free} を求めよ。
  （4） これを用いる両極性通信方式において，硬判定および軟判定復号の場合の漸近符号化利得を求めよ。

[**問 7.5**] 図 7.17 の畳込み符号器に関して，つぎの問に答えよ。
  （1） 状態遷移図およびトレリス図を描け。その各ブランチに入出力 a/b_1b_2 を記入せよ。
  （2） 代表的誤り事象のうちハミング重みが最も小さいものおよびそれに次ぐものを示せ。
  （3） 最小自由距離 d_{free} を求めよ。
  （4） これを用いる両極性通信方式において，硬判定および軟判定復号の場合の漸近符号化利得を求めよ。

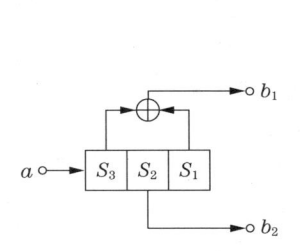

図 7.17　入力 a，状態 S_2S_3，出力 b_1b_2

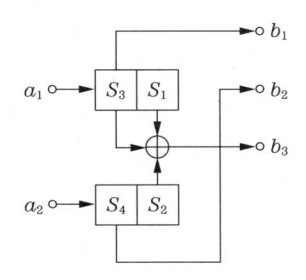

図 7.18　入力 a_1a_2，状態 S_3S_4，出力 $b_1b_2b_3$

[**問 7.6**] 図 7.18 の畳込み符号器に関して，つぎの文章における①～⑥の空白を埋めよ。
　　状態００において００を入力した。この結果，状態は ① に遷移

し，出力　②　を生じた。

状態０１において１１を入力した。この結果，状態は　③　に遷移し，出力　④　を生じた。

状態１１において０１を入力した。この結果，状態は　⑤　に遷移し，出力　⑥　を生じた。

[**問 7.7**] 図 7.18 の畳込み符号器に関して，つぎの問に答えよ。

(1) 状態遷移図およびトレリス図を描け。状態遷移図の各ブランチには入出力 $a_1a_2/b_1b_2b_3$ を記入せよ。

(2) 長さが2ブランチの代表的誤り事象をすべて示せ。その各ブランチには入出力 $a_1a_2/b_1b_2b_3$ を記入せよ。また，それらの代表的誤り事象に対する伝達関数を示せ。

(3) 最小自由距離 d_{free} を求めよ。

(4) これを用いる両極性通信方式において，硬判定および軟判定復号の場合の漸近符号化利得を求めよ。

[**問 7.8**] 図 7.1 の符号器を用いる両極性伝送方式（硬判定 ML 復号）において受信語が 0101110000 であった。これに対するトレリス図は状態 0 で始まり，状態 0 で終わるものとする。この受信語に対してビタビアルゴリズムを適用することとしつぎの問に答えよ。

(1) トレリス図を描け。ブランチメトリックとして，受信語と符号語の間のハミング距離を記入せよ。

(2) 生き残りパスを求めよ。

(3) 受信情報語を示せ。

8. 擬似ランダム符号

本章では，代表的な擬似ランダム符号である m 系列の発生法および特性について述べる。

擬似ランダム符号（pseudo random code, pseudo noise code, PN code）はディジタル通信，計測などの諸分野で多くの応用をもつ重要な符号である。これは完全ランダム系列[†]によく似た特性を有するが，論理回路によって簡単に発生できる点に特長がある。擬似ランダム符号の応用例を以下に示す。

（1） 通信方式への応用
- 拡散スペクトル通信方式で，拡散および逆拡散符号として用いる。
- ビット誤り率の測定における信号源として用いる。
- 送信信号をランダム化するためのスクランブラに用いる。
- ランダム雑音の発生源として用いる。
- コンピュータシミュレーションにおける信号源として用いる。

（2） その他の応用
- 距離および速度の測定に用いる。

8.1 m 系列の例

m **系列**（maximal-length linear shift register sequences, m-sequences）はフィードバック・シフトレジスタにより発生することができる。この例を図

[†] ここでは，系列の要素 a_n が同じ確率分布をもつ独立な確率変数であるとき，この系列を完全ランダム系列と呼ぶ。また，完全ランダム系列を変調データとするパルス列を完全ランダムパルス列と呼ぶ。例えば a_n が等確率で ±1 をとる独立な確率変数であれば，その系列は完全ランダム系列，それを変調データとするパルス列は完全ランダムパルス列である。

8. 擬似ランダム符号

8.1に示す。

これは、3段のシフトレジスタを用いるもので、D_1 および D_3 から D_1 に帰還をしている。帰還路における加算器 $\oplus$ は論理和演算（EX-OR）すなわち

$$0 \oplus 0 = 0$$
$$0 \oplus 1 = 1$$
$$1 \oplus 0 = 1$$
$$1 \oplus 1 = 0$$

を行う。

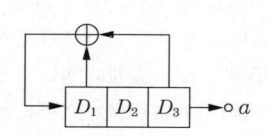

図 8.1 m 系列発生器の例
段数 $m = 3$，帰還路の結線 [1, 3]

表 8.1 図 8.1 の m 系列発生器の動作例

クロック	状態 D_1 D_2 D_3	出力 a
	0 0 1	
1	1 0 0	1
2	1 1 0	0
3	1 1 1	0
4	0 1 1	1
5	1 0 1	1
6	0 1 0	1
7	0 0 1	0

表 8.1 にこの m 系列発生器の動作例を示す。シフトレジスタ $D_1 D_2 D_3$ の初期状態を００１とする。これにクロックを印加すると出力に１を生じ、状態は１００になる。つぎにクロックを印加すると出力に０を生じ、状態は１１０となる。このようにして各クロックごとに出力を生じ、状態が変化する。

表 8.1 からわかるように、このシフトレジスタはオールゼロを除くすべての状態を経由してもとに戻る。この状態数は

$$2^3 - 1 = 7$$

であり、これがこの出力系列の周期である。

表 8.1 はシフトレジスタの初期状態が００１の場合の動作を示しているが、一般的には、**表 8.2** に示すようにすべての初期状態が考えられ、それぞれに対して出力系列を発生する。

しかし、これらは独立ではなく、本質的には一つの系列であり、そのうちの

8.1 m 系列の例

一つを時間的にシフト（遅延）すれば，ほかが得られる。これらを位相の異なる系列と呼ぶ。すなわち，図8.1の m 系列発生器は，0，1の配列順序は同じだが，位相が異なる7種類の系列を発生することができる。

表8.2 図8.1の m 系列発生器の出力系列（すべての初期状態に対応）

初期状態		出　力
イ	0 0 1	1 0 0 1 1 1 0 …
ロ	0 1 0	0 1 0 0 1 1 1 …
ハ	1 0 1	1 0 1 0 0 1 1 …
ニ	0 1 1	1 1 0 1 0 0 1 …
ホ	1 1 1	1 1 1 0 1 0 0 …
ヘ	1 1 0	0 1 1 1 0 1 0 …
ト	1 0 0	0 0 1 1 1 0 1 …

表8.3 系列の和の例

イ	1 0 0 1 1 1 0 …
ロ	0 1 0 0 1 1 1 …
イ⊕ロ	1 1 0 1 0 0 1 …
ニ	1 1 0 1 0 0 1 …

表8.2に示す系列にはつぎのような興味深い性質がある。この例を**表8.3**に示す。系列「イ」と系列「ロ」の和（各けたごとの論理和）「イ⊕ロ」を計算すると，結果は「ニ」に等しい。このことは表8.2において一般的に成り立ち，異なる二つの系列の和は，必ず表8.2に属するほかの系列となる。つまり，表8.2の系列の集合は，加算演算に対して閉じている（シフト・加算性，後述）。

図8.2にもう一つの m 系列発生器の例を示す。これは5段のシフトレジスタを用い，D_2 および D_5 から D_1 に帰還している。この出力系列はつぎのとおりであり，0 と 1 がほどよく分布し，完全ランダム系列によく似ていることがわかる（0，1の発生数およびラン特性，後述）。

…1 0 0 0 0 1 0 1 0 1 1 1 0 1 1 0 0 0 1 1 1 1 1 0 0 1 1 0 1 0 0…

また，この周期は

$$2^5 - 1 = 31$$

である。

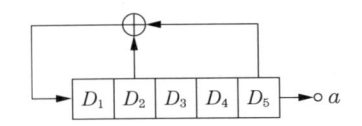

図8.2 m 系列発生器の例
段数 $m=5$，帰還路の結線 [2, 5]

8.2 段数が大きい m 系列発生器

8.1 節の例では，理解を容易にするため，段数が小さい m 系列発生器を示したが，実用には，段数が大きなものが用いられる。m 系列に関する数学理論[9),10)]によれば，m 系列発生器の帰還路の結線は primitive polynomial という多項式の係数で与えられる。そして，これまでにその詳しい表がつくられている[10),11)]。表 8.4 に段数が 10 までの m 系列発生器の帰還路の結線を示す。

表 8.4 帰還路の結線 ($m=2 \sim 10$)

m	帰 還 路 の 結 線
2	[1, 2]
3	[1, 3]
4	[1, 4]
5	[2, 5], [2, 3, 4, 5], [1, 2, 4, 5]
6	[1, 6], [1, 2, 5, 6], [2, 3, 5, 6]
7	[3, 7], [1, 2, 3, 7], [1, 2, 4, 5, 6, 7], [2, 3, 4, 7], [1, 2, 3, 4, 5, 7], [2, 4, 6, 7], [1, 7], [1, 3, 6, 7], [2, 5, 6, 7]
8	[2, 3, 4, 8], [3, 5, 6, 8], [1, 2, 5, 6, 7, 8], [1, 3, 5, 8], [2, 5, 6, 8], [1, 5, 6, 8], [1, 2, 3, 4, 6, 8], [1, 6, 7, 8]
9	[4, 9], [3, 4, 6, 9], [4, 5, 8, 9], [1, 4, 8, 9], [2, 3, 5, 9], [1, 2, 4, 5, 6, 9], [5, 6, 8, 9], [1, 3, 4, 6, 7, 9], [2, 7, 8, 9]
10	[3, 10], [2, 3, 8, 10], [3, 4, 5, 6, 7, 8, 9, 10], [1, 2, 3, 5, 6, 10], [2, 3, 6, 8, 9, 10], [1, 3, 4, 5, 6, 7, 8, 10]

8.3 m 系列の特性

m 系列について以下の特性が証明されている。

8.3.1 周　　　期

m 系列の周期 N は式 (8.1) で与えられる。

$$N = 2^m - 1 \tag{8.1}$$

これは，表 8.1 で例示したように，m 系列発生器のシフトレジスタがオールゼロを除くすべての状態を 1 回ずつ経由してからもとに戻るからである。

8.3.2 1周期中における0と1の発生数

1周期中における0の発生数は $(N-1)/2$, 1の発生数は $(N+1)/2$ である。N が十分大きければ，0と1の発生頻度は等しいと見なしてよい。

8.3.3 ラン特性

同符号の連続をランという。例えば

　　　…0 1 1 1 0…

は長さが3の1のランであり

　　　…1 0 0 0 0 0 0 1…

は長さが6の0のランである。

m 系列において，長さ n のランの発生頻度（長さ n のランの発生数をランの全数で割ったもの）を $F_{\mathrm{run}}(n)$ とすれば式 (8.2) が成り立つ。

$$\left.\begin{array}{rl} F_{\mathrm{run}}(n) = 2^{-n} & (n \leq m-1) \\ = 2^{(1-n)} & (n = m) \end{array}\right\} \quad (8.2)$$

8.3.4 シフト・加算性

ある m 系列と，それをシフトした系列（N の整数倍ステップのシフトは除く）の和（各けたごとの論理和）をつくると，その結果得られる系列は，もとの m 系列をシフトした系列になる。つまり，シフト・加算演算は単なるシフトと同じである。このことは，後述するように，±1の値をとる m 系列の自己相関関数の計算に必要である。

8.4 m 系列（±1系列）の特性

拡散スペクトル技術などでは，0, 1の値をとる系列ではなくて ±1の値をとる系列が必要である。これを得るには，先に述べた m 系列発生器の出力を ±1の系列に変換すればよい。ここではこれを m 系列（±1系列）と呼ぶことにする。

114   8. 擬似ランダム符号

8.4.1 変換ルール
0, 1系列から±1系列への変換ルールをつぎのとおりとする。

　　0 → 1

　　1 → −1

この結果, 0, 1系列における和 (論理和) の演算は±1系列における積の演算に変換される (**表**8.5)。

表 8.5　0, 1系列の和と±1系列の積の対応

0, 1 系 列	±1 系 列
0 ⊕ 0 = 0	1 × 1 = 1
0 ⊕ 1 = 1	1 × (−1) = −1
1 ⊕ 0 = 1	(−1) × 1 = −1
1 ⊕ 1 = 0	(−1) × (−1) = 1

8.4.2 周期およびラン特性
周期およびラン特性は, この場合にも 8.3 節の m 系列の特性において述べたものと同様である。

8.4.3 1周期中における1と−1の発生数
1周期中における1の発生数は $(N-1)/2$, −1の発生数は $(N+1)/2$ である。

8.4.4 シフト・乗積性
ある m 系列 (±1系列) があり, それと, それをシフトした系列 (N の整数倍ステップのシフトは除く) との積 (各けたごとの積) をつくると, その結果得られる系列は, もとの m 系列 (±1系列) をシフトした系列になる。つまり, シフト・乗積演算は単なるシフト演算と同じである。

8.4.5 平　均　値
周期 N の周期的系列 a_n の平均値は式 (8.3) で与えられる。

8.4 m系列（±1系列）の特性

$$\eta_a = \frac{1}{N} \sum_{n=0}^{N-1} a_n \tag{8.3}$$

a_n が m 系列（±1系列）の場合には 8.4.3 項より

$$\eta_a = -\frac{1}{N} \tag{8.4}$$

となる。

8.4.6 自己相関関数

周期 N の周期的系列 a_n の自己相関関数を式（8.5）で定義する。

$$R_a(k) = \frac{1}{N} \sum_{n=0}^{N-1} a_{n+k} a_n \tag{8.5}$$

$R_x(k)$ は偶関数で，周期 N の周期関数である。a_n が m 系列（±1系列）の場合には

$$R_a(0) = 1 \tag{8.6}$$

となる。また，$k = 1, 2, 3, \cdots, N-1$ に対しては $a_{n+k} a_n$ は a_n を単にシフトしたものであるから

（a） m 系列の自己相関関数

（b） 完全ランダム系列の自己相関関数

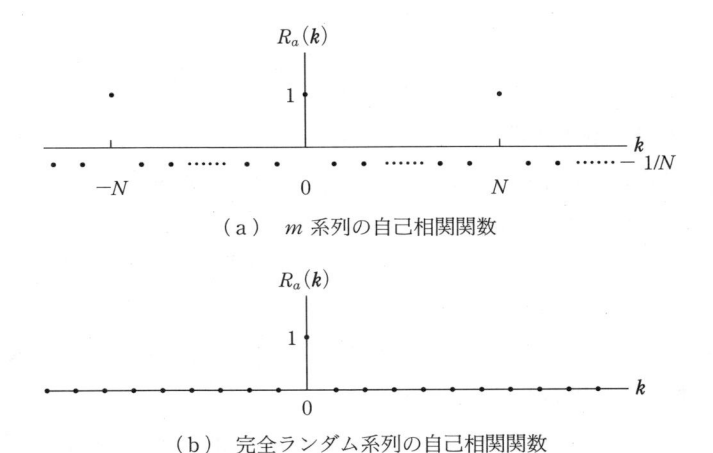

図 8.3 m 系列と完全ランダム系列の自己相関関数の比較

$$R_a(k) = -\frac{1}{N} \quad (k=1, 2, 3, \cdots, N-1) \tag{8.7}$$

を得る。

参考までに，図 8.3 に m 系列と完全ランダム系列の自己相関関数（2.2.1 項参照）の比較を示す。

8.5 擬似ランダムパルス列

擬似ランダム系列を変調データとするパルス列を一般に擬似ランダムパルス列という（付録 F. 参照）。これを

$$f(t) = \sum_{n=-\infty}^{\infty} a_n \, g\,(t - nT_c) \tag{8.8}$$

で表す。

変調データ a_n は周期 N の擬似ランダム系列（±1 系列）とする。$f(t)$ は周期を $T_p = NT_c$ とする周期関数である。ここで

$$\omega_p = \frac{2\pi}{T_p} \tag{8.9}$$

とおく。

8.5.1 線スペクトル電力

$f(t)$ の周波数成分は線スペクトルであり，間隔 ω_p で配置される。$n\omega_p$ における線スペクトルの電力 $P(n\omega_p)$ は一般的に式 (8.10) で与えられる。

$$P(n\omega_p) = \frac{1}{T_p T_c} G(n\omega_p) G^*(n\omega_p) \sum_{k=0}^{N-1} R_a(k) e^{-\frac{j2\pi kn}{N}} \tag{8.10}$$

ただし，$G(\omega)$ はパルス波形 $g(t)$ の周波数スペクトル，$R_a(k)$ は変調データの自己相関関数である。

ここでは変調データを m 系列（±1 系列）とすれば式 (8.6)，(8.7) が成り立つ。したがって

$$\sum_{k=0}^{N-1} R_a(k) e^{-\frac{j2\pi kn}{N}} = 1 + \frac{1}{N} - \frac{1}{N} \sum_{k=0}^{N-1} e^{-\frac{j2\pi kn}{N}} = 1 + \frac{1}{N} \tag{8.11}$$

となる。式 (8.11) を式 (8.10) に代入して

$$P(n\omega_p) = \left(1 + \frac{1}{N}\right)\frac{1}{T_p T_c} G(n\omega_p) G^*(n\omega_p) \tag{8.12}$$

を得る。

8.5.2 電力スペクトル密度

コンピュータシミュレーションなどでは，電力スペクトル密度を計算の対象とすることが多い。電力スペクトル密度 $W(n\omega_p)$ は周波数 1 Hz 当りの電力であるから，m 系列の場合には式 (8.12) から

$$W(n\omega_p) = \left(1 + \frac{1}{N}\right)\frac{1}{T_c} G(n\omega_p) G^*(n\omega_p) \tag{8.13}$$

が得られる。

ここで，$N \to \infty$ の場合には式 (8.13) は

$$W(\omega) = \frac{1}{T_c} G(\omega) G^*(\omega) \tag{8.14}$$

に漸近する。

式 (8.14) は完全ランダムパルス列の電力スペクトル密度の式である（2.4 節参照）。したがって，m 系列を用いる擬似ランダムパルス列は，電力スペクトル密度の観点からも，完全ランダムパルス列のよい近似になっている。

8.5.3 自己相関関数

周期系列を変調データとするパルス列の自己相関関数は一般的に次式で与えられる。ただし，$R_a(k)$ は変調データの自己相関関数である。

$$R(\tau) = \frac{1}{T_c}\sum_{n=-\infty}^{\infty}\sum_{k=0}^{N-1} R_a(k)\,v(\tau - kT_c - nT_p) \tag{8.15}$$

$$v(\tau) = \int_{-\infty}^{\infty} g(t+\tau)\,g(t)\,dt \tag{8.16}$$

変調データが m 系列の場合には

8. 擬似ランダム符号

$$R(\tau) = \left(1 + \frac{1}{N}\right)\frac{1}{T_c}\sum_{n=-\infty}^{\infty} v(\tau - nT_p) - \frac{1}{NT_c}\sum_{n=-\infty}^{\infty} v(\tau - nT_c) \tag{8.17}$$

となる。

さらに $g(t)$ が，振幅が 1，幅が T_c の方形パルスの場合には，$v(t)$ は振幅が T_c，幅が $2T_c$ の二等辺三角形パルスとなり，$R(\tau)$ は式 (8.18) で与えられる。

$$R(\tau) = \left(1 + \frac{1}{N}\right)\frac{1}{T_c}\sum_{n=-\infty}^{\infty} v(\tau - nT_p) - \frac{1}{N} \tag{8.18}$$

ここで $N \to \infty$ とすれば，式 (8.18) は

$$R(\tau) = \frac{1}{T_c}v(\tau) \tag{8.19}$$

に漸近する。

式 (8.19) は完全ランダムパルス列の自己相関関数の式である (2.4 節参照)。したがって，m 系列を用いる擬似ランダムパルス列は，自己相関関数の

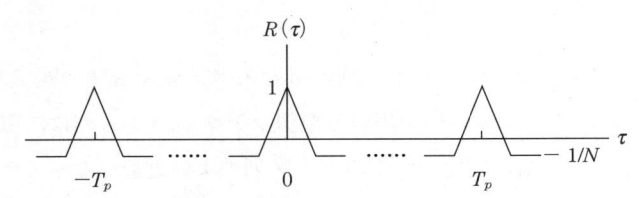

(a) m 系列を変調データとする擬似ランダムパルス列の自己相関関数（方形パルス）

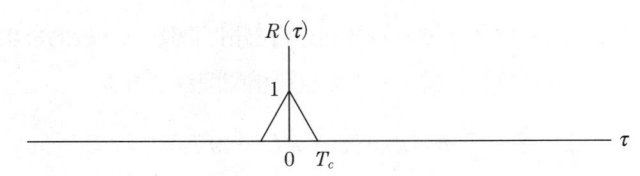

(b) 完全ランダムパルス列の自己相関関数

図 8.4 m 系列を変調データとする擬似ランダムパルス列と完全ランダムパルス列の自己相関関数の比較（方形パルス）

観点からも，完全ランダムパルス列のよい近似になっている．

参考までに，方形パルスの場合について，m 系列を変調データとする擬似ランダムパルス列と完全ランダムパルス列の自己相関関数の比較を**図 8.4**に示す．

演 習 問 題

[**問 8.1**] 段数が 10 の m 系列発生器の構成例を示せ．またその周期 N を求めよ．さらに，それを変調データとするパルス列（符号速度 10 Mbps）の周期 T_p を求めよ．

[**問 8.2**] 図 8.2 の m 系列発生器の動作（各ステップにおける状態と出力）を表に示せ．ただし，初期状態は 0 0 0 0 1 とする．

9. 拡散スペクトル通信方式

拡散スペクトル技術（spread spectrum technology, **SS**, **スペクトル拡散技術**）は，通常の変調信号をさらに2次変調（拡散変調）して，周波数帯域幅を大幅に広げ，電力スペクトル密度を極度に低下させて送信することを特徴とする。これは秘匿通信，妨害排除など種々の用途があり，古くは主として軍事用に研究，開発されてきたが，近年，**CDMA**（code division multiple access, **符号分割多元接続方式**）として，その多種情報伝送能力に着目して，移動通信への利用が盛んに進められるようになった。

拡散スペクトル通信方式には，**DS-SS**（direct sequence spread spectrum, **直接拡散方式**），**FH-SS**（frequency hopping spread spectrum, **周波数ホッピング方式**），**TH-SS**（time hopping spread spectrum, **時間ホッピング方式**）などの種類があるが，CDMA移動通信にはDS-SSがもっぱら用いられる。

本章の内容は，DS-SSとCDMAである。最初に，わかりやすい例として，SS-BPSKの構成と特性を述べ，つぎに，それを応用したCDMAの原理を示し特性を解析する。最後に，より一般的な見地に立って，SS-PAM，SS-ASK，SS-QAMなどの送受信器の構成を示す。

9.1 SS-BPSK方式における送受信器

9.1.1 送信器

〔1〕**構成と各部の信号** 図**9.1**にSS-BPSK方式の送信器の構成を示す。①における1次変調の変調信号を，ここでは，両極性NRZ信号とし式(9.1)で表す。

9.1 SS-BPSK方式における送受信器

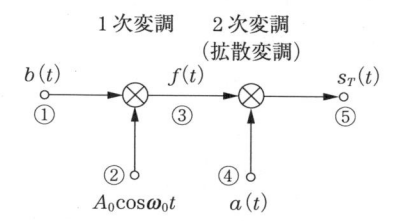

```
          1次変調    2次変調
                   (拡散変調)
   b(t)    ⊗  f(t)  ⊗    s_T(t)
   ①      ③         ⑤
          ②         ④
         A₀cosω₀t   a(t)
```

図 9.1 SS-BPSK 方式の送信器の構成

$$b(t) = \sum_{k=-\infty}^{\infty} b_k g_b(t - kT_b) \tag{9.1}$$

情報データ b_k は等確率で ± 1 の値をとる独立な確率変数とする。ここでは T_b をビット周期，その逆数 $f_b = 1/T_b$ を**ビット速度** (bit rate) と呼ぶ。$g_b(t)$ は幅が T_b，振幅が 1 の方形パルスである。

$b(t)$ が乗算器によって搬送波 $A_0 \cos\omega_0 t$ と乗算され BPSK 信号 $f(t)$ を生じる。

$$f(t) = A_0 b(t) \cos \omega_0 t \tag{9.2}$$

$f(t)$ はさらに 2 番目の乗算器により 2 次変調される。2 次変調信号 $a(t)$ は $f(t)$ に比べて非常に高速な**擬似ランダムパルス列** (pseudo random pulse train あるいは PN pulse train) である。これを式 (9.3) で表す。

$$a(t) = \sum_{n=-\infty}^{\infty} a_n g_c(t - nT_c) \tag{9.3}$$

系列 a_n は ± 1 をとる**擬似ランダム系列** (pseudo random sequence あるいは PN sequence) である。これはきわめて長い周期をもつ周期的系列で，完全ランダム系列とよく似た特性を呈する（8章参照）。

$g_c(t)$ は幅が T_c，振幅が 1 の方形パルスである。ここで T_c をチップ周期，その逆数 $f_c = 1/T_c$ を**チップ速度** (chip rate) と呼ぶ。

チップ速度とビット速度の比

$$\frac{f_c}{f_b} = \frac{T_b}{T_c} \tag{9.4}$$

を**拡散率** (spreading ratio) あるいは**処理利得** (processing gain) と呼ぶ。通常，この値は 1 より非常に大きく，場合によっては 10^4 程度に達する。ここ

では，拡散率は整数とし，$b(t)$ と $a(t)$ は同期していると仮定する。

⑤の出力である SS-BPSK 信号 $s_T(t)$ は式 (9.5) で与えられる。

$$s_T(t) = f(t)a(t) = A_0 c(t) \cos \omega_0 t \tag{9.5}$$

$$c(t) = a(t)b(t) \tag{9.6}$$

ここで，$c(t)$ はチップ速度 f_c のランダムパルス列である。これはまた

$$c(t) = \sum_{n=-\infty}^{\infty} c_n g_c (t - nT_c) \tag{9.7}$$

によって表すこともできる。

拡散率が 8 の場合の $b(t)$，$a(t)$ および $c(t)$ の波形の例を図 9.2 に示す。

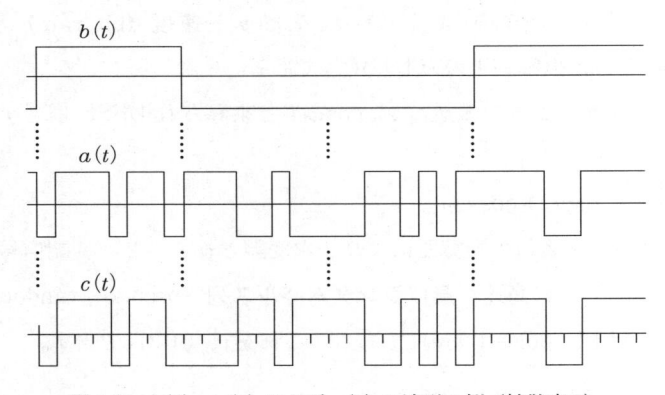

図 9.2 $b(t)$，$a(t)$ および $c(t)$ の波形の例（拡散率 8）

〔2〕 **送信信号の電力スペクトル密度** 変調データ b_k は完全ランダム系列[†]であるから，拡散変調前の BPSK 信号 $f(t)$ の電力スペクトル密度 $W_f(\omega)$ は式 (9.8) で与えられる。ただし，$\omega = 2\pi f$，$\omega_0 = 2\pi f_0$ とおいた。

$$W_f(\omega) = \frac{A_0^2}{4 f_b} \text{sinc}^2 \frac{f - f_0}{f_b} + \frac{A_0^2}{4 f_b} \text{sinc}^2 \frac{f + f_0}{f_b} \tag{9.8}$$

この最大値は $A_0^2/(4 f_b)$，幅（主ローブの幅）は $2 f_b$ である。

つぎに拡散変調後の SS-BPSK 信号 $s_T(t)$ の電力スペクトル密度を求める。この変調パルス列 $c(t)$ は，完全ランダムパルス列[†]ではないが，それにきわ

[†] p. 109 の脚注参照。

めて近い性質をもっているので，ここでは，これを完全ランダムパルス列と見なして計算を行う。計算結果は式（9.9）で与えられる。

$$W_{sT}(\omega) = \frac{A_0^2}{4 f_c} \operatorname{sinc}^2 \frac{f - f_0}{f_c} + \frac{A_0^2}{4 f_c} \operatorname{sinc}^2 \frac{f + f_0}{f_c} \quad (9.9)$$

この最大値は $A_0^2/(4 f_c)$，幅（主ローブの幅）は $2 f_c$ である。

したがって，拡散後の信号の電力スペクトル密度は，拡散前と比較して，1/（拡散率）倍に低下する。またその周波数幅は拡散率倍になる。例えば拡散率が1 000であれば，電力スペクトル密度は1/1 000倍に，その周波数幅は1 000倍になる。

9.1.2 受　信　器

〔1〕 **構成と各部の信号**　図9.3に，図9.1に対向する受信器の構成を示す。①における入力信号 $s_T(t)$ は式（9.5）で与えられる。この入力信号は，まず**逆拡散**（despreading）される。

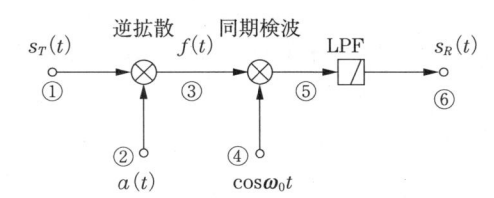

図9.3 SS-BPSK方式の受信器の構成

逆拡散とは，送信側（図9.1）において用いた2次変調信号 $a(t)$ を再度乗算することである（このように DS-SS 方式の希望信号受信においては，拡散変調と逆拡散とは同じ操作になる）。

逆拡散後の信号はもとの BPSK 信号 $f(t)$ となる。何となれば乗算の結果は式（9.10）のとおりになるからである。

$$s_T(t) a(t) = f(t) a^2(t) = f(t) \quad (9.10)$$

さらにこれを同期検波すれば⑥における出力として

$$s_R(t) = \frac{1}{2}A_0 b(t) \tag{9.11}$$

が得られ，もとの1次変調信号が復元される。

〔2〕 **ほかの送信器からの干渉**　CDMA においては，多数のユーザが存在し，同じ搬送周波数，同じ変調形式の送信信号を同じ伝送媒体を経由して送信する。これは図9.3の受信器において，希望信号の受信を妨げる干渉信号となる。

図9.4 に示すように，干渉源として一つの送信器のみを考え，それによって受信器出力に生じる電力スペクトル密度を求める。干渉信号の送信電力は希望信号と同じとする。干渉信号を式 (9.12) で表す。

$$s_T^{(D)}(t) = A_0 c^{(D)}(t+\xi)\cos(\omega_0 t + \theta_D) \tag{9.12}$$

ただし，$c^{(D)}(t)$ は式 (9.13) で表されるチップ速度 f_c のランダムパルス列である。

$$c^{(D)}(t) = \sum_{n=-\infty}^{\infty} c_n^{(D)} g_c(t - nT_c) \tag{9.13}$$

また，ξ は $(0,\ T_c)$ において一様分布する独立な確率変数，θ_D は $(0,\ 2\pi)$ において一様分布する独立な確率変数とする。これらはこの干渉信号が，クロック位相および搬送波位相の両面で，希望信号に対して非同期であることを示している。

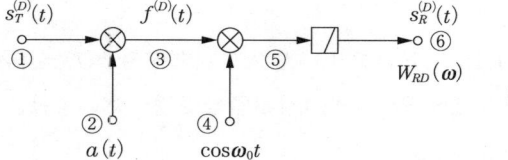

図9.4 受信器における干渉信号の影響

逆拡散後の干渉信号は

$$f^{(D)}(t) = s_T^{(D)}(t)a(t) = A_0 c^{(D)}(t+\xi)a(t)\cos(\omega_0 t + \theta_D) \tag{9.14}$$

であり，同期検波後は

$$s_R^{(D)}(t) = \frac{1}{2}A_0 c^{(D)}(t+\xi)a(t)\cos\theta_D \tag{9.15}$$

となる。

$c^{(D)}(t)$ および $a(t)$ を独立な完全ランダムパルス列と見なして $s_R{}^{(D)}(t)$ の電力スペクトル密度を計算すると式（9.16）のとおりになる（演習問題［問9.4］参照）。

$$W_{RD}(\omega) = \frac{A_0{}^2 f_c}{8\,\pi^2 f^2}\left(1 - \mathrm{sinc}\,\frac{2f}{f_c}\right) \tag{9.16}$$

ここでは拡散率が非常に大きいと仮定しているから，この $W_{RD}(\omega)$ は希望信号に対して非常に広帯域なスペクトルである。

〔3〕 **ガウス雑音の影響** つぎにガウス雑音の計算を行う。**図 9.5** において，受信器入力①に電力スペクトル密度 $N_0/2$ の白色ガウス雑音 $v(t)$ が印加されている。

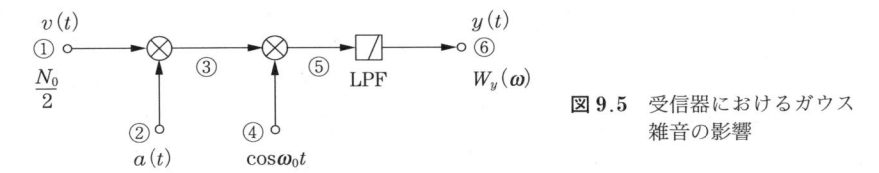

図 9.5 受信器におけるガウス雑音の影響

③における雑音 $v(t)a(t)$ は，入力雑音 $v(t)$ と同じく電力スペクトル密度 $N_0/2$ の白色ガウス雑音となる。これは，白色ガウス雑音の統計的性質が $a(t)$ を乗算しても変わらないからである。

この結果，⑥におけるガウス雑音の電力スペクトル密度 $W_y(\omega)$ は，LPFの振幅が平たんな範囲においては式（9.17）で与えられる（5章参照）。

$$W_y(\omega) = \frac{N_0}{4} \tag{9.17}$$

9.2 CDMA

9.2.1 多元接続方式

多元接続方式（multiple access, **MA**）とは，それに属する任意の二人の加入者間の通信回線を，必要に応じて設定することができる方式である。これに

はいろいろな種類があるが，そのおもなものはつぎの三つである。

FDMA（**周波数分割多元接続方式**，frequency division multiple access）
TDMA（**時分割多元接続方式**，time division multiple access）
CDMA（**符号分割多元接続方式**，code division multiple access）

FDMA は，複数の周波数チャネルをもっていて，通信回線設定の希望が出されると，その二人の加入者に対して使用可能な周波数チャネルを割り当て，通信を行わせる。この場合には，周波数チャネルがアドレス機能をもっていることになる。

TDMA は，時分割多重通信のフレームの中に，複数のタイムスロットをもっていて，通信回線設定の希望が出されると，その二人の加入者に対して使用可能なタイムスロットを割り当て，通信を行わせる。この場合にはタイムスロットがアドレス機能をもっている。

CDMA は，複数の符号（ここでは擬似ランダムパルス列のことを符号と呼んでいる）をもっていて，通信回線設定の希望が出されると，その二人の加入者に対して使用可能な符号を割り当て，通信を行わせる。この場合には符号がアドレス機能をもっている。

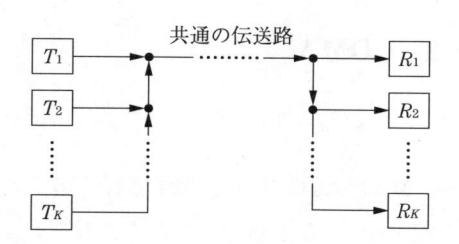

9.2.2 CDMA の基本的構成

CDMA の基本的構成を図 **9.6** に示す。ここでは送信器 T_i と受信器 R_i とが通話中の場合を示している（$i = 1, 2, \cdots, K$）。

これらの送信器，受信器はすべて同じ搬送周波数，同じ DS-SS 方式を用いて通信を行っている。ただし，それぞれの通信回線の符号（擬似ランダムパル

図 9.6 CDMA の基本的構成

ス列) はおたがいに異なっている。

　受信器 R_1 への入力には，送信器 T_1 からの信号（希望信号）のみならず，送信器 T_2, T_3, …, T_K からの干渉信号も存在する．受信器 R_2 への入力には，送信器 T_2 からの信号（希望信号）のみならず，送信器 T_1, T_3, …, T_K からの干渉信号も存在する．…以下同様．

　一般に多元接続方式においては，同時通話者数の上限すなわち収容能力が重要な問題である．同時通話者数 K を増加していくと，それに伴い，各チャネルの受信器が受ける総干渉電力が増加し，この結果ビット誤り率が増加する．このビット誤り率の特性が収容能力を決定する．

　ここでは，先に述べた SS-BPSK を適用した CDMA のビット誤り率を計算し，その結果から，収容能力を求めることにする．計算は，まず，受信器入力における受信信号（希望信号および干渉信号）の電力がすべて等しい場合を扱い，つぎに，それが異なっている場合を扱う．

9.2.3　SS-BPSK を用いる CDMA のビット誤り率（同一受信電力の場合）

　図 9.6 では同時通話者数は K である．図の受信器入力において，すべての信号（希望信号および干渉信号）が同一の電力 P_0 をもつ場合を検討する．ここでは SS-BPSK を適用する．この単一チャネル干渉の電力スペクトル密度はすでに計算したとおりである．

　$(K-1)$ 個のチャネルからの干渉の電力スペクトル密度はこの $(K-1)$ 倍であり，式 (9.18) のとおりになる．

$$W_I(\omega) = \frac{(K-1)A_0^2 f_c}{8\pi^2 f^2}\left(1 - \mathrm{sinc}\frac{2f}{f_c}\right) \tag{9.18}$$

ただし，P_0 は式 (9.19) で与えられる．

$$P_0 = \frac{A_0^2}{2} \tag{9.19}$$

　前述のとおり，この電力スペクトル密度 $W_I(\omega)$ は希望信号 $s_R(t)$ と比較して非常に広帯域であるから，ビット誤り率を求める場合には，電力スペクトル

密度が $W_I(0)$ の白色と見なしてよい。$W_I(0)$ を計算すると式 (9.20) のとおりになる。

$$W_I(0) = \frac{(K-1)P_0}{6f_c} \tag{9.20}$$

受信ガウス雑音の電力スペクトル密度は $N_0/4$ であるから，干渉とガウス雑音の合計の電力スペクトル密度（受信器出力における値）は

$$W_D = \frac{(K-1)P_0}{6f_c} + \frac{N_0}{4} \tag{9.21}$$

となる（両側周波数表示）。

一方，信号 $s_R(t)$ のビット当りのエネルギー E_b は

$$E_b = \frac{P_0}{2f_b} \tag{9.22}$$

である。

以上の結果，受信器出力において，ビット当りのエネルギーが E_b の信号 $s_R(t)$ と電力スペクトル密度が W_D の白色雑音が共存していることとなる。これに対して，整合フィルタ受信および識別を行うことにすれば，整合フィルタ出力における信号対雑音比 ρ_D およびビット誤り率 P_e は式 (9.23) のとおりになる。

$$\rho_D = \frac{E_b}{W_D} = \frac{\dfrac{P_0}{2f_b}}{\dfrac{(K-1)P_0}{6f_c} + \dfrac{N_0}{4}} = \frac{6}{2(K-1) + \dfrac{3N_0}{E_c}} \cdot \frac{f_c}{f_b} \tag{9.23}$$

$$P_e = Q(\sqrt{\rho_D}) \tag{9.24}$$

ただし，E_c は受信器入力における信号のチップ当りのエネルギーであり，式 (9.25) で与えられる。

$$E_c = \frac{P_0}{f_c} \tag{9.25}$$

このビット誤り率の計算は，干渉とガウス雑音の総和がガウス雑音と見なしうることを前提としている。この前提は，ふつう，十分よく成り立つ。その理由は，非常に多くの干渉信号があり，またそれらが，それぞれ異なる擬似ランダムパルス列によって変調されているからである。

式 (9.23) によれば，信号対雑音比は拡散率に比例して増加する．これは，1次変調信号を与えた場合には，信号対雑音比が伝送周波数帯域幅に比例して増加することを意味する．また，ガウス雑音の影響が無視できる場合には，信号対雑音比は同時通話者数 K にほぼ反比例して低下する．

9.2.4 SS-BPSK を用いる CDMA のビット誤り率（受信電力が異なる場合）

移動通信の場合には，各信号は，地形，建物などによって構成された複雑な伝搬路において，反射，回折などを被り，その結果として，減衰，ひずみ，ドップラーシフトなどが発生する（いわゆるフェージングを受ける）．ここでは，SS-BPSK を適用した CDMA において，減衰の影響のみを考慮して検討する．

図 9.7 において，受信器 R_1 における受信信号（希望信号および干渉信号）を計算し，ビット誤り率を求める．

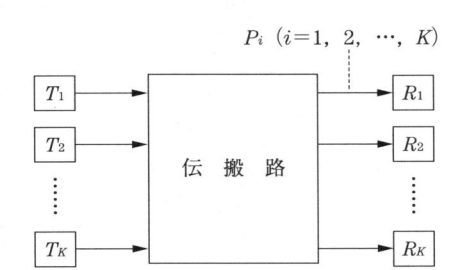

図 9.7 移動通信における CDMA

送信器 T_i から送信され，受信器 R_1 の入力に到達する信号電力を P_i とする（$i = 1, 2, \cdots, K$）．このうち $i = 1$ は希望信号を，$i \neq 1$ は干渉信号を示す．9.2.3項と同様の計算を行い，受信器 R_1 の出力を整合フィルタ受信したときの信号対雑音比 ρ_D を計算すれば式 (9.26) を得る．なお，ここでの雑音電力とは干渉電力とガウス雑音電力の総和である．

$$\rho_D = \frac{3 P_1 (f_c/f_b)}{\sum_{i=2}^{K} P_i + (3/2) f_c N_0} \tag{9.26}$$

ビット誤り率 P_e はこれを式 (9.24) に代入して求めることができる．

9.3 種々の方式構成

これまではDS-SSの代表的形態としてSS-BPSKを例にとって説明したが，ここではより一般的な形態を説明する．1次変調の変調信号 $b(t)$ は式 (9.27) のベースバンドPAMとする．

$$b(t) = \sum_{k=-\infty}^{\infty} d_k g_b(t-kT_b) \tag{9.27}$$

ただし，d_k は多値の情報データである．波形 $g_b(t)$ は幅が T_b，振幅が1の方形とする．これを式 (9.28) に示す．

$$\left.\begin{aligned} g_b(t) &= 1 \quad (0 \leq t < T_b) \\ &= 0 \quad (\text{その他}) \end{aligned}\right\} \tag{9.28}$$

$b(t)$ の $t=nT_c$ における標本値を b_n とする．これを式 (9.29) に示す．

$$b_n = b(nT_c) \tag{9.29}$$

当然 $b_{kN}, b_{kN+1}, b_{kN+2}, \cdots, b_{(k+1)N-1}$ はすべて d_k に等しい．ただし，N は

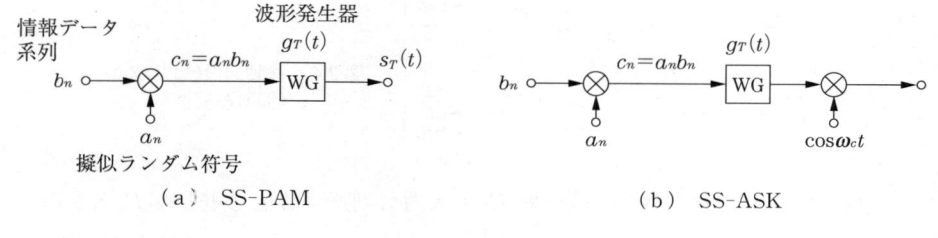

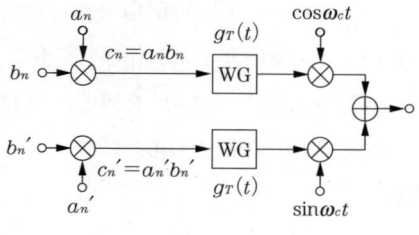

(a) SS-PAM

(b) SS-ASK

(c) SS-QAM

図 9.8 DS-SS 送信器の種々の構成

9.3 種々の方式構成

式 (9.30) に示す拡散率である。

$$N = \frac{T_b}{T_c} \tag{9.30}$$

なお，実際には波形 $b(t)$ を経由せず，系列 d_k から系列 b_n を直接つくってもよい。

図 9.8 に DS-SS 送信器の種々の構成を示す。図（a）にはベースバンド PAM をスペクトル拡散する SS-PAM 送信器を示す。これは，まず情報デ

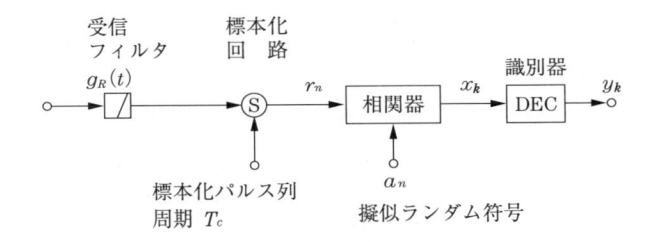

(a) SS-PAM

(b) SS-ASK

(c) SS-QAM

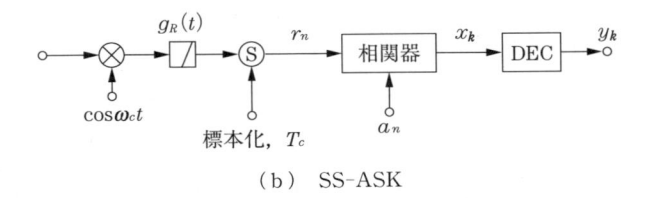

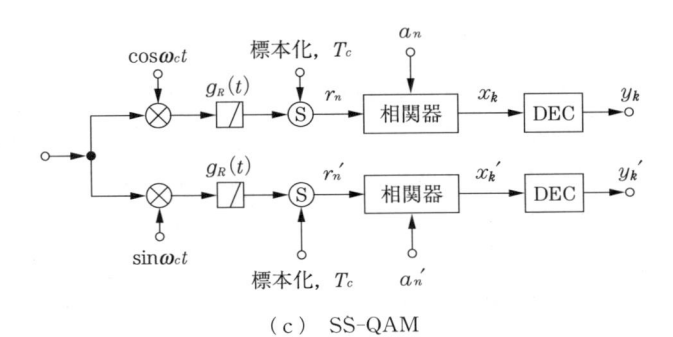

図 9.9 DS-SS 受信器の種々の構成

ータ系列 b_n と擬似ランダム符号 a_n の積 c_n をつくり，つぎに c_n を変調データとするパルス列 $s_T(t)$ を発生，送信する．

図（b）は図（a）を搬送波に乗せた SS-ASK 送信器である．図（c）は図（b）をさらに直交合成した SS-QAM 送信器である．

図 9.9 に DS-SS 受信器の種々の構成を示す．図（a）は SS-PAM 用の受信器である．入力信号はまず受信フィルタを通過し，つぎに標本化されて系列 r_n となる（ゼロ符号間干渉を仮定）．この r_n に対して相関器は式（9.31）の演算を行い x_k を出力する．

$$x_k = \sum_{i=0}^{N-1} r_{kN+i}\, a_{kN+i} \tag{9.31}$$

識別器はこの x_k を識別し，受信データ y_k を出力する．図（b）は SS-ASK 用，図（c）は SS-QAM 用の受信器である．

演 習 問 題

[**問 9.1**] 9.1 節の SS-BPSK において，ビット速度を 16 kbps，拡散率を 10^3 とする．図 9.1 の送信器出力の電力スペクトル密度の主ローブの幅を求めよ．

[**問 9.2**] 9.2.3 項における CDMA において，拡散率を 10^3 とする．ビット誤り率を 10^{-9} 以下として許容できる同時通話者数を求めよ．ただし，ガウス雑音の影響は無視する．なお，ビット誤り率を 10^{-9} とするための信号対雑音比は 36（真値）として計算すること．

[**問 9.3**] 9.2.4 項の CDMA において拡散率を 10^3 とする．ビット誤り率 10^{-9} に対して許容できる同時通話者数を求めよ．ただし，対象とする受信器入力において，各干渉信号の電力は希望信号電力の 2 倍とする．また，ガウス雑音の影響は無視する．ビット誤り率を 10^{-9} とするための信号対雑音比は 36（真値）として計算すること．

[**問 9.4**] 式（9.32）に示す信号 $s(t)$ がある．ただし，ξ は区間 $(0, T)$ で一様分布する独立な確率変数，θ は区間 $(0, 2\pi)$ で一様分布する独立な確率変数である．また $x(t)$ および $y(t)$ はそれぞれ式

(9.33) および式 (9.34) で与えられ，x_n および y_n は等確率で ± 1 をとる独立な確率変数である。

$$s(t) = \frac{1}{2} x(t + \xi) y(t) \cos \theta \tag{9.32}$$

$$x(t) = \sum_{n=-\infty}^{\infty} x_n g(t - nT) \tag{9.33}$$

$$y(t) = \sum_{n=-\infty}^{\infty} y_n g(t - nT) \tag{9.34}$$

（1） $s(t)$ の自己相関関数の t に対する平均値 $R_s(\tau)$ を計算せよ。

（2） パルス波形 $g(t)$ を，振幅が 1，幅が T で，中心が $t = 0$ にある方形とする。$s(t)$ の電力スペクトル密度 $W_s(\omega)$ およびその $\omega = 0$ における値 $W_s(0)$ を計算せよ。

[問 9.5] 9.3 節に示した各方式の干渉特性および雑音特性を解析せよ。

10. OFDM 方式

OFDM 方式（orthogonal frequency division multiplex system，**直交FDM 方式**）はマルチキャリヤ変調方式の一種である。

本章の最初の部分で述べるように，サブチャネル数が大きいマルチキャリヤ変調方式は，本来伝送路ひずみに強いという優れた特長をもっているが，その実現にあたっては，一般にサブチャネル間の干渉が問題になる。しかし，OFDM 方式では，サブチャネルに直交信号を用いるため，干渉のない伝送ができる。この点に着目し，1950 年代には搬送電信用の OFDM 方式が開発され成功を収めた。その代表例はコリンズ社の Kineplex である。

本章の 2 番目の部分では，このような古典的な OFDM 方式，すなわち，ふつうの変復調器を用いる OFDM 方式を連続時間 OFDM と名づけ，その原理を示し，特性を解析する。OFDM 方式が伝送路ひずみに強いという特長は，サブチャネル数を大きくすることによって発揮されるが，連続時間 OFDM では，ハードウェアの規模によってそれが制約される。

近代的な OFDM では，離散フーリエ変換を用いる計算処理を導入することにより，ハードウェア規模を増加させることなく大きなサブチャネル数が実現できる。本章の 3 番目の部分では，これを離散時間 OFDM と名づけてその原理と連続時間 OFDM との関係を述べ，また，その特性を解析する。

近年に至って離散時間 OFDM が脚光を浴びるようになった理由と背景は以下のとおりである。

（1）**伝送路ひずみへの対処**　ディジタル無線通信や地上波ディジタルテレビジョンでは多重波伝搬（マルチパス，付録 G 参照）の影響によって通信品質が劣化しやすい。OFDM は，これを逃れるための有力な手段である。また加入者線高速ディジタル伝送方式では，音声回線の特徴として，大きな振幅・遅延ひずみが存在し，高速ディジタル伝送のための障害となってきた。OFDM は，その解決への有力な手段である。

（2）**周波数利用効率**　サブキャリヤの周波数間隔として，理論的最低

値（クロック周波数）に近い値が実現可能であり，したがって，高い周波数利用効率が期待できる．

（3）　高速信号処理技術　　最近は，高速 LSI による FFT を利用して，ハードウェア規模を増加させることなく，大きなサブチャネル数が実現できるようになった．

10.1　マルチキャリヤ変調方式

マルチキャリヤ変調方式は，図 10.1 に示すように，送信信号を多数のサブチャネルに分割して FDM 伝送するものである．

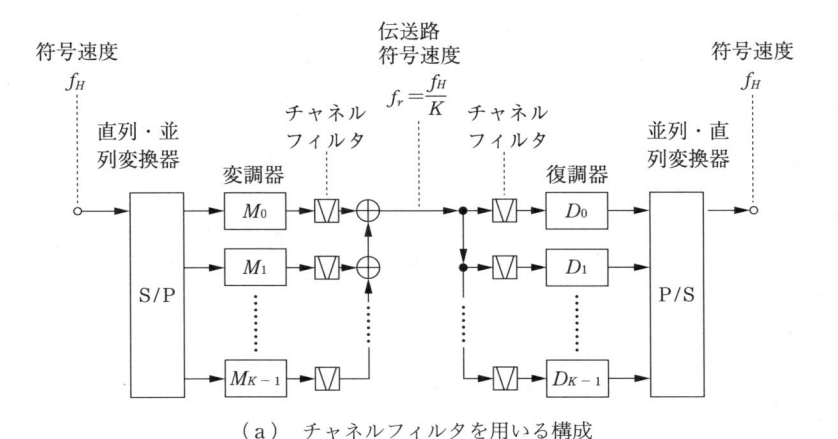

図 10.1　マルチキャリヤ変調方式の原理図

（a）チャネルフィルタを用いる構成

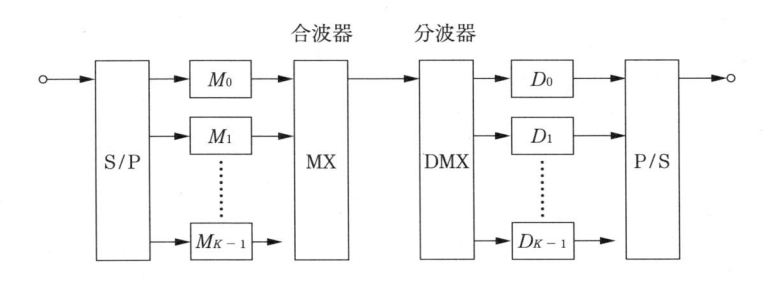

（b）合分波器を用いる構成

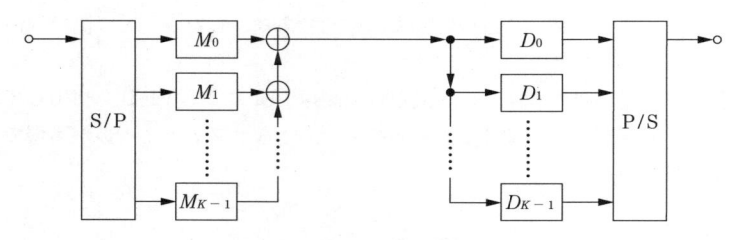

```
                    ┌─────┐     ┌─────┐
                ┌──→│ M₀  │──┐ ┌→│ D₀  │──┐
                │   └─────┘  ↓ │ └─────┘  │
          ┌─────┤   ┌─────┐  ⊕─┤ ┌─────┐  │┌─────┐
        ──┤ S/P ├──→│ M₁  │──↑ │→│ D₁  │──┤│ P/S ├──
          └─────┤   └─────┘    │ └─────┘  │└─────┘
                │     ⋮        │   ⋮      │
                │   ┌─────┐    │ ┌─────┐  │
                └──→│M_K-1│────┴→│D_K-1│──┘
                    └─────┘      └─────┘
```

(c) 直接結合による構成

図 10.1 (つづき)

　送信信号の符号速度を f_H とし，サブチャネル数を K とすれば，各サブチャネルの符号速度は $f_r = f_H/K$ となる．一般に伝送路ひずみの影響は，符号速度の低下に伴って減少するから，分割数 K をきわめて大きくすれば，各サブチャネルにおけるひずみはほとんど消失し，特性のよい伝送ができることになる．

　マルチキャリヤ変調方式におけるサブチャネルの結合方法としては，図10.1に示すものが代表的である．図（a）ではチャネルフィルタを用い，図（b）では合分波器を用いている．一方，図（c）は直接結合であり，特別な結合器は用いない．このような方式構成においては，サブチャネル間の干渉（いわゆるチャネル間干渉）をどう扱うかが重要な問題となる．

　図 10.2 は，マルチキャリヤ変調方式の伝送路におけるサブチャネル信号の

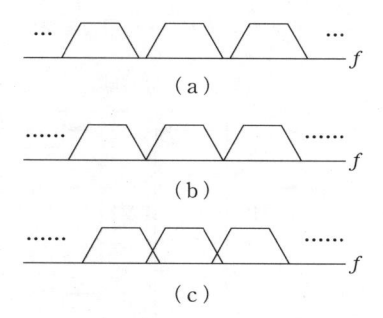

(a)

(b)

(c)

図 10.2 マルチキャリヤ変調方式の伝送路におけるサブチャネル信号の周波数スペクトル（概念図）

周波数スペクトルを示す概念図である。周波数に余裕がある場合には，図（a）のように各サブチャネル信号の周波数スペクトルをある程度離して配置する。チャネルフィルタや合分波器を用いる方式は通常，これに相当する。チャネル間隔を適切に設計すれば，チャネル間干渉を許容レベル以下にとどめることができる。

図（b）は図（a）よりも周波数間隔を詰め，周波数スペクトルをぎりぎりまで接近させた場合である。この場合に，チャネル間干渉を十分抑圧しようとすると，チャネルフィルタや合分波器の設計が難しくなる。図（c）では，周波数利用効率を向上するため，周波数間隔をさらに詰めて，周波数スペクトルの重畳を許している。これは図10.1（c）の直接結合に対応するもので，普通は大きなチャネル間干渉が発生する。しかし，サブチャネル信号につぎのような特別な条件（1），（2）を付ければ，その発生を阻止することができる。これがOFDM方式である。OFDM方式の条件は下記のとおりである。

（1） サブチャネル間隔と符号周期との間に特定の条件を設ける。
（2） 直交信号を用いる。

10.2　連続時間OFDM

ここでは，連続時間処理（すなわち通常の変復調）を用いるOFDMを連続時間OFDMと名づけ，その要点を解説する。これは1950年代以来用いられてきた基本原理に基づくものであり，古典的OFDMと呼んでもよい。

10.2.1　送信信号

送信信号を次式の $s(t)$ で表す。

$$s(t) = \sum_{n=0}^{N-1} s_n(t) \tag{10.1}$$

$$s_n(t) = A \sum_{k=-\infty}^{\infty} (a_{n,k} \cos \omega_n t + b_{n,k} \sin \omega_n t) g(t - kT_D) \tag{10.2}$$

これは搬送周波数が異なる N 個の信号 $s_n(t)$ の合成（すなわち周波数多重，

FDM) である。$s_n(t)$ をサブチャネル信号（あるいは簡単にサブチャネル）と呼ぶ。

パルス波形 $g(t)$ は振幅が 1，幅が T_D で先端が $t = 0$ にある方形パルスである。$g(t - kT_D)$ は k 番目の時間域すなわち $kT_D \leqq t < (k + 1)T_D$ を示す。

n 番目のサブチャネルの搬送周波数（サブキャリヤ周波数）f_n は符号速度 $f_D = 1/T_D$ の n 倍であり，角周波数 ω_n は次式で与えられる。

$$\omega_n = n\omega_D \tag{10.3}$$

$$\omega_D = 2\pi f_D = \frac{2\pi}{T_D} \tag{10.4}$$

$s_0(t)$ はベースバンド PAM 信号であり，変調データ $a_{0,k}$ は任意の実数値をとることができる。なお，$b_{0,k}$ は 0 とする。$s_n(t)$ ($n = 1, 2, \cdots, N-1$) は QAM 信号で，変調データ $a_{n,k}$ および $b_{n,k}$ は独立に任意の実数値をとることができる。

10.2.2 復　　　調

ここでは伝送路は無ひずみとする。受信側における復調には

(1)　整合フィルタ受信

(2)　相関受信

(3)　同期検波，整合フィルタ受信

(4)　同期検波，相関受信

などの方法がある。これらは同じ結果を与える。

ここでは相関受信の場合を説明する。$s(t)$ はタイムスロットごとに独立に相関受信することができるので，説明を簡単にするため，$k = 0$ のタイムスロットのみを考えることにして $s(t)$ を式 (10.5) のとおりに書く。

$$s(t) = A \sum_{n=0}^{N-1} (a_n \cos \omega_n t + b_n \sin \omega_n t) g(t) \tag{10.5}$$

ただし，$a_{n,0}$ を a_n と，$b_{n,0}$ を b_n と書いた。

m 番目のサブチャネルに対して二つの相関受信器を設け，それぞれの局部信号を $g(t)\cos \omega_m t$ および $g(t) \sin \omega_m t$ とする。相関受信器の出力 x_m および

y_m はそれぞれ式 (10.6), (10.7) で与えられる.

$$x_m = \int_{-\infty}^{\infty} s(t) g(t) \cos \omega_m t \, dt = \int_0^{T_D} s(t) \cos \omega_m t \, dt \tag{10.6}$$

$$y_m = \int_{-\infty}^{\infty} s(t) g(t) \sin \omega_m t \, dt = \int_0^{T_D} s(t) \sin \omega_m t \, dt \tag{10.7}$$

ここで, 式 (10.8)〜(10.10) に示す**直交条件** (orthogonal condition) が成り立つ[†].

$$\left. \begin{aligned} \int_0^{T_D} \cos \omega_n t \cos \omega_m t \, dt &= \frac{T_D}{2} \quad (n = m \neq 0) \\ &= T_D \quad (n = m = 0) \\ &= 0 \quad (n \neq m) \end{aligned} \right\} \tag{10.8}$$

$$\int_0^{T_D} \cos \omega_n t \sin \omega_m t \, dt = 0 \tag{10.9}$$

$$\left. \begin{aligned} \int_0^{T_D} \sin \omega_n t \sin \omega_m t \, dt &= \frac{T_D}{2} \quad (n = m \neq 0) \\ &= 0 \quad (n = m = 0) \\ &= 0 \quad (n \neq m) \end{aligned} \right\} \tag{10.10}$$

この結果, 式 (10.11), (10.12) が得られる

$$\left. \begin{aligned} x_0 &= A T_D a_0 \\ x_m &= \left(\frac{A T_D}{2}\right) a_m \quad (m = 1, 2, \cdots, N-1) \end{aligned} \right\} \tag{10.11}$$

$$y_m = \left(\frac{A T_D}{2}\right) b_m \quad (m = 1, 2, \cdots, N-1) \tag{10.12}$$

したがって, 送信データが復元される.

伝送路に雑音 (白色定常雑音) が存在する場合には, この復調法は最大の信号対雑音比を与える. また, 雑音が白色ガウス雑音の場合には, この識別結果

[†] 一般に信号 $f_n(t)$ $(n = 0, 1, 2, \cdots)$ がつぎの条件を満足するとき, これを直交信号 (あるいは直交信号系) という.

$$\int_{-\infty}^{\infty} f_n(t) f_m(t) \, dt = 0 \quad (n \neq m)$$

本章における $g(t) \cos \omega_n t$ および $g(t) \sin \omega_n t$ は直交信号である.

は，最小の符号誤り率を与える。このように OFDM 方式は，最適受信条件を満足している（4章および5章参照）。

10.2.3 保護区間の付加

実際の伝送路においては大なり小なりひずみが存在する。ここでは線形ひずみの影響について検討する。

先に示した送信信号 $s(t)$ は，幅が T_D の方形パルス（ベースバンドパルスおよび搬送波パルス）の集まりである。総伝送容量を一定とし，サブチャネル数 N を増加していくと，パルス幅 T_D はそれに比例して増加する。このような幅の広い方形パルスに対する伝送路ひずみの影響は，一般に波頭および波尾の直後における過渡現象として出現し，短時間で急速に減衰する。

したがって，図 10.3 のように，送信側では本来のパルスの**存在範囲（データ区間**，data interval）の手前に**保護区間**（guard interval，**ガードインターバル**）を付け加えたパルス波形 $g_E(t)$ を用いて信号を構成することにし，一

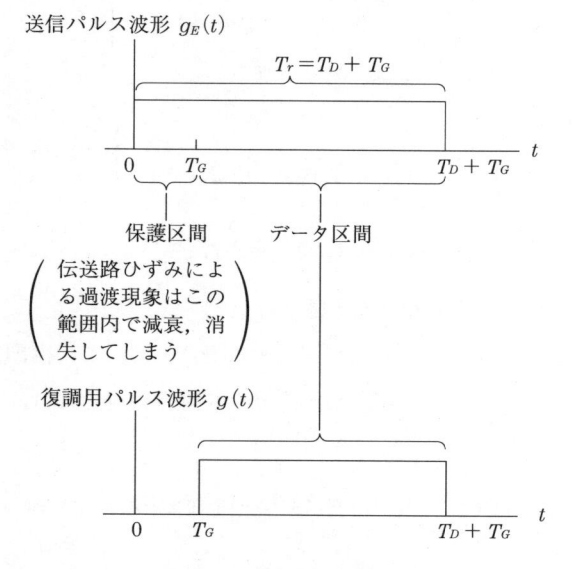

図 10.3　保護区間の説明図

方,受信側では,データ区間に対するパルス波形 $g(t)$ を用いる局部信号によって復調すれば,伝送路ひずみに影響されないで信号を復調することができる.

ここで,$g_E(t)$ および $g(t)$ はそれぞれ式 (10.13),(10.14) で与えられる.

$$\left.\begin{aligned} g_E(t) &= 1 \quad (0 \leq t < T_D + T_G) \\ &= 0 \quad (その他) \end{aligned}\right\} \tag{10.13}$$

$$\left.\begin{aligned} g(t) &= 1 \quad (T_G \leq t < T_D + T_G) \\ &= 0 \quad (その他) \end{aligned}\right\} \tag{10.14}$$

また,この保護区間を付加した OFDM 信号 $s(t)$ は次式で与えられる.

$$s(t) = \sum_{n=0}^{N-1} s_n(t) \tag{10.15}$$

$$s_n(t) = A \sum_{k=-\infty}^{\infty} \{a_{n,k} \cos \omega_n (t - kT_r) + b_{n,k} \sin \omega_n (t - kT_r)\} g_E(t - kT_r) \tag{10.16}$$

ただし

$$T_r = T_D + T_G \tag{10.17}$$

は符号周期である.

なお,$k = 0$ すなわち $0 \leq t < T_D + T_G$ の時間域のみに着目する場合には $s(t)$ を簡単に

$$s(t) = A \sum_{n=0}^{N-1} (a_n \cos \omega_n t + b_n \sin \omega_n t) g_E(t) \tag{10.18}$$

で表すことにする.

保護区間の設置によって総伝送容量は若干低下するが,その代償として,伝送品質の大きな改善が実現できる.なお,データ区間の後にも若干の保護区間を設けることがある.

[**例 1**] 保護区間の効果,サブチャネル間に遅延時間差がある場合

ここでは,伝送路における波形ひずみは無視できるが,各サブチャネルの受信信号に時間的遅延 T_n と搬送波位相回転 θ_n が生じている場合を検討する.送信には長さ T_G の保護区間を用いる.なお,ここでは $a_0 = b_0 = 0$ とする.

式 (10.18) の送信信号に対する受信信号は式 (10.19) で書くことができる。

$$s_r(t) = A\sum_{n=1}^{N-1}\{a_n\cos(\omega_n t + \theta_n) + b_n\sin(\omega_n t + \theta_n)\}g_E(t - T_n)$$
(10.19)

ここで，各サブチャネルの遅延時間 T_n がすべて正で保護区間長 T_G 以下であれば

$$g_E(t - T_n)g(t) = g(t)$$
(10.20)

となる。

受信側において m 番目のサブチャネルに対して二つの相関受信器を設け，それぞれの局部信号を $g(t)\cos(\omega_m t + \theta_m)$ および $g(t)\sin(\omega_m t + \theta_m)$ とすれば，送信データが正しく復元される。したがって，保護区間を設けることにより正しい復調が保証される。

[例 2] 保護区間の効果，受信信号に遅延波を伴う場合

無線伝送において，式 (10.21) に示すとおり，受信信号 $s_r(t)$ が直接波 $s_0(t)$ と遅延波 $s_1(t)$ の和となっている。

これはマルチパスの簡単なモデル(2 波モデル) である。なお，ここでは $a_0 = b_0 = 0$ とする。

$$s_r(t) = s_0(t) + s_1(t)$$
(10.21)

送信には長さ T_G の保護区間を用いる。直接波 $s_0(t)$ を式 (10.22) のとおりとする。

$$s_0(t) = A_0\sum_{n=1}^{N-1}(a_n\cos\omega_n t + b_n\sin\omega_n t)g_E(t)$$
(10.22)

遅延波 $s_1(t)$ は振幅が A_1 で，パルス波形は T_1 秒だけ遅れている。さらにサブキャリヤ位相が個々に異なっている。これを式 (10.23) で表す。

$$s_1(t) = A_1\sum_{n=1}^{N-1}\{a_n\cos(\omega_n t + \theta_{n,1}) + b_n\sin(\omega_n t + \theta_{n,1})\}g_E(t - T_1)$$
(10.23)

ここでは，式 (10.24) に示すとおり，遅延波振幅は直接波振幅より小さく，また遅延波の遅延時間は保護区間長より小さいと仮定する。

$$A_0 > A_1 > 0, \quad T_G > T_1 > 0$$
(10.24)

受信側において，m 番目のサブチャネルに対して二つの相関受信器を設け，それぞれの局部信号を $g(t)\cos(\omega_m t + \phi_m)$ および $g(t)\sin(\omega_m t + \phi_m)$ とし，ϕ_m を適切に選定すれば，送信データが正しく復元される．

10.2.4 方 式 構 成

これまでに述べた原理を適用した連続時間 OFDM の構成例を図 10.4 に示す．なお，図中に記入した信号は，$k=0$ の時間域におけるものである．以下これについて説明する．

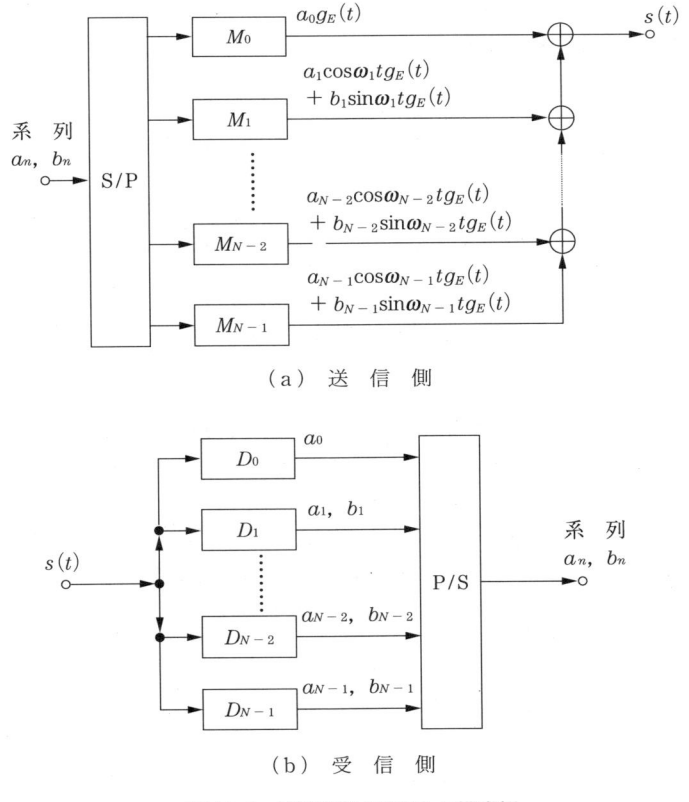

(a) 送 信 側

(b) 受 信 側

図 10.4 連続時間 OFDM の構成例

144　　10. OFDM 方式

　送信側においては，入力である直列送信データ a_n, $b_n (n = 0, 1, 2, \cdots, N-1)$ を，まず直列・並列変換器 S/P によって並列データに変換し，つぎに，変調器 $M_n (n = 0, 1, 2, \cdots, N-1)$ によって変調して，各サブチャネル信号を得る。最後に，それらのサブチャネル信号を加算して，送信信号 $s(t)$ をつくる。

　受信側においては，受信信号 $s(t)$ を各サブチャネルに対応する受信器 D_n $(n = 0, 1, 2, \cdots, N-1)$ によって復調・識別し，つぎにそれらを並列・直列変換器 P/S によって直列データに変換する。

10.2.5　電力スペクトル密度

　式 (10.15) の $s(t)$ の電力スペクトル密度 $W_s(\omega)$ を計算すると式 (10.25) を得る。

$$W_s(\omega) = \frac{A^2 T_r \sigma_a^2}{2} \sum_{n=0}^{N-1} \left\{ \mathrm{sinc}^2 \frac{(\omega - \omega_n) T_r}{2\pi} + \mathrm{sinc}^2 \frac{(\omega + \omega_n) T_r}{2\pi} \right\} \tag{10.25}$$

ここで，変調データ $a_{n,k}$ および $b_{n,k}$ は平均値が 0，分散が σ_a^2 の独立な確率変数としている。なお，$b_{0,k}$ は 0 である。

10.3　離散時間 OFDM

　10.2 節に述べた連続時間 OFDM では，サブチャネル数 N と同数の変調器，復調器を必要とする。OFDM の効果は N が非常に大きい場合に発揮されるが，このままではハードウェアの規模がきわめて大きくなり，実現が不可能になりかねない。この対策としては，離散時間処理，すなわち，離散フーリエ変換 (DFT) による演算処理によって変復調を代替する方法が効果的である。ここではこれを離散時間 OFDM と名づけ，その原理を解説する。

10.3 離散時間 OFDM

10.3.1 離散時間 OFDM の基本構成

図 10.5 に離散時間 OFDM の基本構成を示す．図において，複素送信データ $d_n(n=0, 1, \cdots, N-1)$ は N 元 DFT により送信信号 x_n に変換される．この関係を式（10.26）に示す．

$$\left.\begin{aligned}x_n &= \sum_{k=0}^{N-1} d_k W_N^{-nk} \quad (n=0, 1, \cdots, N-1) \\ W_N &= e^{\frac{j2\pi}{N}} \end{aligned}\right\} \quad (10.26)$$

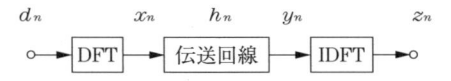

$$d_n \longrightarrow \boxed{\text{DFT}} \xrightarrow{x_n} \boxed{\text{伝送回線}} \xrightarrow{h_n \quad y_n} \boxed{\text{IDFT}} \xrightarrow{z_n}$$

図 10.5 離散時間 OFDM の基本構成

送信信号 x_n は伝送回線を経由して受信信号 y_n となる．伝送回線のインパルス応答を h_n とすればこの関係は式（10.27）で表される．

$$y_n = h_n * x_n \quad (10.27)$$

最後に y_n は IDFT され受信データ z_n となる．これは式（10.28）で表される．

$$z_n = \frac{1}{N}\sum_{k=0}^{N-1} y_k W_N^{nk} \quad (10.28)$$

さて，ここでは最も簡単な場合として伝送回線はゼロ符号間干渉特性であり

$$h_n = 0 \quad (n \neq 0) \quad (10.29)$$

が成り立つとする．この結果

$$y_n = h_0 x_n \quad (10.30)$$

となり，x_n の IDFT は d_n であるから

$$z_n = h_0 d_n \quad (10.31)$$

を得る．

以上により，本方式の受信出力において，送信データ d_n が復元される．これは d_n をまず DFT し，つぎにそれを IDFT したからであって，当然である．

10.3.2 連続時間 OFDM との関係

10.3.1 項で述べた離散時間 OFDM（基本構成）は，簡単だが抽象的で，そのままではわかりにくいかもしれない。ここでは連続時間 OFDM との関係を解説して，その理解の一助としたい。

〔1〕 **送信処理** 離散時間 OFDM の送信処理は，連続時間 OFDM の送信処理に標本化の操作を加えたものである。これを説明するため，まず連続時間 OFDM の送信信号を式（10.32）で表す。

$$s(t) = \sum_{n=0}^{N-1} d_n e^{-jn\omega_D t} g(t) \tag{10.32}$$

ただし

$$d_n = a_n + jb_n \quad (n = 0, 1, \cdots, N-1) \tag{10.33}$$

は複素送信データである。$g(t)$ は振幅が1，幅が T_D で先端が $t = 0$ にある方形パルスである。また ω_D は式（10.34）で与えられる。

$$\omega_D = \frac{2\pi}{T_D} \tag{10.34}$$

この送信信号 $s(t)$ は 10.2.1 項の連続時間 OFDM の送信信号を複素表現したものになっている。

図 **10.6** は，図 10.5 の離散時間 OFDM（基本構成）における送信処理（DFT 演算）に対する等価回路を示す。これは $s(t)$ を N 点標本化して出力 $x(t)$ を得る回路である。標本化周期は

$$T_s = \frac{T_D}{N} \tag{10.35}$$

である。

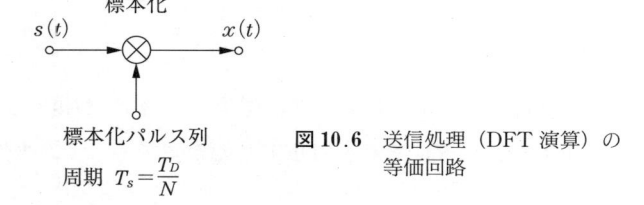

図 **10.6** 送信処理（DFT 演算）の等価回路

10.3 離散時間OFDM

$x(t)$ を計算すると式（10.36）のとおりになる。

$$x(t) = \sum_{n=0}^{N-1} x_n \delta(t - nT_s) \tag{10.36}$$

この係数 x_n は式（10.26）に示したものであり d_n の DFT である。したがって，図 10.6 の回路は図 10.5 の送信 DFT 回路と同等である。つまり，送信データ d_n の DFT x_n をつくって逐次送信することは，連続時間 OFDM 方式の送信信号を N 点標本化して逐次送信することと同等である。

なお，式（10.36）にはもう一つの表現が可能である。式（10.32）の $s(t)$ を標本化した結果をまず周波数領域で表現し，つぎにその逆フーリエ変換を計算すれば式（10.37）を得る。

$$x(t) = \frac{1}{T_s} \sum_{m=-\infty}^{\infty} \sum_{n=0}^{N-1} d_n e^{j(mN-n)\omega_D t} g(t) \tag{10.37}$$

したがって $x(t)$ は，サブチャネル数が無限大で，変調データが周期的な連続時間 OFDM 信号である。

〔2〕 **伝送回線** 送信信号 $x(t)$ は複素数であり，実部と虚部をもっている。これを伝送するための伝送回線の例を**図 10.7** に示す。これは直交変調を用いる RF 伝送回線であり，$x(t)$ の実部を同相成分，虚部を直交成分として送受信している。この伝送回線の総合伝達関数を $H(\omega)$，インパルス応答を $h(t)$ とすれば，受信信号 $y(t)$ は式（10.38）で与えられる。

$$y(t) = h(t) * x(t) = \sum_{n=0}^{N-1} x_n h(t - nT_s) \tag{10.38}$$

$y(t)$ の標本値 y_n および $h(t)$ の標本値 h_n をそれぞれ式（10.39），（10.40）

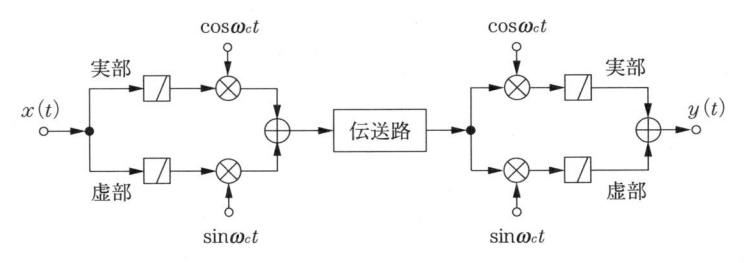

図 10.7 伝送回線の例（直交変調を用いる場合）

のとおりとする。

$$y_n = y(nT_s) \tag{10.39}$$
$$h_n = h(nT_s) \tag{10.40}$$

式 (10.38) より式 (10.41) を得る。

$$y_n = h_n * x_n \tag{10.41}$$

これは離散時間 OFDM（基本構成）で示した式（10.27）にほかならない。この伝送回線がゼロ符号間干渉条件を満足するためには，$h(t)$ は周期 T_s のゼロ交差波形で，$H(\omega)$ はナイキストの第1基準を満たす必要がある。$x(t)$ のサブキャリヤ配置と $H(\omega)$ の例を**図10.8**に示す。

（a） $x(t)$ のサブキャリヤ配置

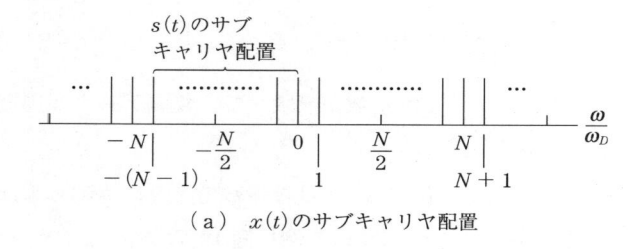

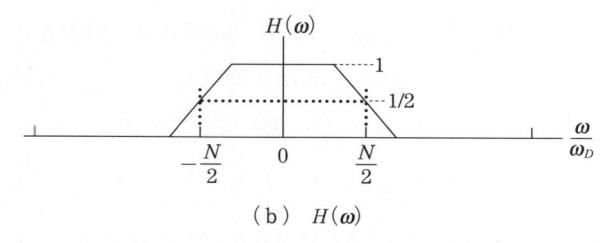

（b） $H(\omega)$

図10.8 $x(t)$ のサブキャリヤ配置とゼロ符号間干渉条件を満足する伝達関数 $H(\omega)$ の例

〔3〕 **受信処理**　　離散時間 OFDM の受信処理は，連続時間 OFDM の受信処理（相関受信）の積分演算を和演算に置き換えたものである。**図10.9** は，これを説明するためのもので，離散時間 OFDM（基本構成）における受信処理（IDFT 演算）の等価回路になっている。このことは，実際に図の出力を計算すれば，式（10.28）を得ることから明らかである。

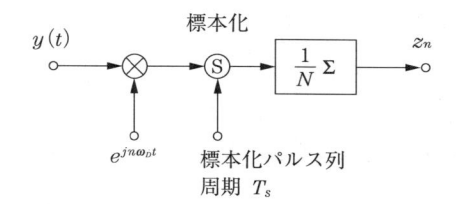

図 10.9 受信処理（IDFT 演算）の等価回路

10.3.3 継続送信と符号間干渉対策

これまでに述べた方式は，符号間干渉が存在しない回線を通して，N 個の複素情報データを，DFT および IDFT によって伝送するものであった．実際の方式では，このような伝送を一度だけではなく，継続して行う必要がある．また，符号間干渉への対策を必要とする．この場合の方式構成を**図 10.10** に示す．これは図 10.5 とは異なり，送信データが $d_{n,k}$，受信データが $z_{n,k}$ となっている．

以下，これについて説明する．

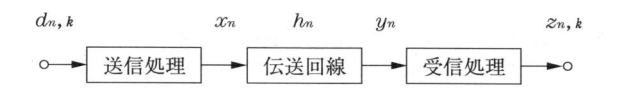

図 10.10 離散時間 OFDM の構成

〔1〕送信処理　送信データ $d_{n,k}$ において k はフレームの番号で $-\infty$ から ∞ までの整数である．n は各フレームにおけるデータの番号で，0 から $N-1$ までの整数である．

$d_{n,k}$ ($n=0, 1, \cdots, N-1$) の DFT を $x_{n,k}$ とする．これを式 (10.42) に示す．

$$x_{n,k} = \sum_{i=0}^{N-1} d_{i,k} W_N^{-ni} \quad \left(W_N = e^{\frac{j2\pi}{N}}\right) \tag{10.42}$$

これを伝送回線に送り込む際には，本来必要なものは N 個であるが，これに R 個を付け加えて，$N+R$ 個にして送信する．このため k 番目のフレームの送信信号は

$$\underbrace{x_{0,k},\ x_{1,k},\ \cdots,\ x_{N-1,k}}_{N\text{個}},\ \underbrace{x_{N,k},\ x_{N+1,k},\ \cdots,\ x_{N+R-1,k}}_{R\text{個}}$$

となる。

この R 個の系列を **cyclic extension**（周期的延長）と呼ぶ。$x_{n,k}$ は n について周期性があるから，これは

$$x_{0,k},\ x_{1,k},\ \cdots,\ x_{R-1,k}$$

と同じである。cyclic extension は連続時間方式の保護区間に相当するもので，符号間干渉対策のために必要である。

送信にあたっては，この $x_{n,k}$ に一連の順番を付けて送り出す。これを式で書けば

$$x_{n,k} = x_{k(N+R)+n} \quad (n=0,\ 1,\ \cdots,\ N+R-1) \tag{10.43}$$

のとおりになる。

例えば $N=4$，$R=2$ の場合の送信信号はつぎのとおりになる。

$$\cdots,\ \underbrace{x_{-6},\ x_{-5},\ \cdots,\ x_{-1}}_{k=-1},\ \underbrace{x_0,\ x_1,\ \cdots,\ x_5}_{k=0},\ \underbrace{x_6,\ x_7,\ \cdots,\ x_{11}}_{k=1},\ \cdots$$

〔2〕**伝送回線特性** ここでは伝送回線のインパルス応答をつぎのとおりとする。

$$\cdots,\ 0,\ 0,\ 0,\ h_D,\ h_{D+1},\ \cdots,\ h_{R+D},\ 0,\ 0,\ 0,\ \cdots$$

これは h_n のうちで $h_D,\ h_{D+1},\ \cdots,\ h_{R+D}$ 以外は 0 である場合であり，式で書けば式 (10.44) のとおりである。

$$h_n = 0 \quad (n \leq D-1 \text{および} n \geq R+D+1) \tag{10.44}$$

この $R+1$ 個のうちの一つは信号，残りの R 個は符号間干渉を示しているが，ここでの計算では，どれが信号であるかを特定する必要はない。なお，D はこの回線の遅延を示す。

式 (10.41) より，伝送回線の出力 y_n は

$$y_n = \sum_{i=D}^{R+D} h_i\, x_{n-i} \tag{10.45}$$

のとおりになる。

〔3〕 **受信処理**　これまでに示した条件はつぎのとおりである。

（1）　送信信号には長さが R の cyclic extension を付加する。

（2）　伝送回線のインパルス応答の長さは $R+1$ 以内である。

この条件のもとでは，図 10.10 の受信側において送信データが正しく復調できる。具体的には

$$y_{k(N+R)+R+D+m} \quad (m=0,\ 1,\ \cdots,\ N-1) \tag{10.46}$$

の IDFT $z_{n,k}$ を計算すれば

$$z_{n,k} = \left(\sum_{i=D}^{R+D} h_i W_N^{(i-R-D)n}\right) d_{n,k} \tag{10.47}$$

を得る。したがって，これにより $d_{n,k}$ が復調できる。

演 習 問 題

[**問 10.1**]　信号 $s(t)$ は式 (10.48) で与えられる。

$$s(t) = Ag_0(t)\cos 2\pi f_n t + Bg_0(t)\sin 2\pi f_n t \tag{10.48}$$

ただし，$g_0(t)$ は始点が $t=0$ にあり，幅が T，振幅が 1 の方形パルスである。また，f_n は式 (10.49) で与えられる。ここで n は正整数である。

$$f_n = \frac{n}{T} \tag{10.49}$$

以下の問に答えよ。

（1）　信号 $s(t)$ を $g_0(t)\cos 2\pi f_m t$ に対する整合フィルタに入力したときの $t=0$ における出力を求めよ。ただし，$m=n$ のときと $m\neq n$ のときに分けて答えること。

（2）　信号 $s(t)$ を $g_0(t)\sin 2\pi f_m t$ に対する整合フィルタに入力したときの $t=0$ における出力を求めよ。ただし，$m=n$ のときと $m\neq n$ のときに分けて答えること。

（3）　信号 $s(t)$ と電力スペクトル密度（両側周波数表示）が $N_0/2$ の白色雑音を $g_0(t)\cos 2\pi f_n t$ に対する整合フィルタに入力し

た。出力の $t=0$ における信号対雑音比を求めよ。

(4) 信号 $s(t)$ と電力スペクトル密度（両側周波数表示）が $N_0/2$ の白色雑音を $g_0(t)\sin 2\pi f_n t$ に対する整合フィルタに入力した。出力の $t=0$ における信号対雑音比を求めよ。

[問 10.2] 信号 $s(t)$ は式（10.50）で与えられる。

$$s(t) = Ag_0(t)\cos 2\pi f_n t + Bg_0(t)\sin 2\pi f_n t \tag{10.50}$$

ただし，$g_0(t)$ は始点が $t=0$ にあり，幅が T，振幅が 1 の方形パルスである。また，f_n は式（10.51）で与えられる。ここで，n は正整数である。

$$f_n = \frac{n}{T} \tag{10.51}$$

以下の問に答えよ。

(1) 信号 $s(t)$ を相関受信器に入力したときの出力を求めよ。ただし，局部信号を $g_0(t)\cos 2\pi f_m t$ とする。なお，$m=n$ のときと $m \neq n$ のときに分けて答えること。

(2) 信号 $s(t)$ を相関受信器に入力したときの出力を求めよ。ただし，局部信号を $g_0(t)\sin 2\pi f_m t$ とする。なお，$m=n$ のときと $m \neq n$ のときに分けて答えること。

(3) 信号 $s(t)$ と電力スペクトル密度（両側周波数表示）が $N_0/2$ の白色雑音を相関受信器に入力したときの出力信号対雑音比を求めよ。ただし，局部信号を $g_0(t)\cos 2\pi f_n t$ とする。

(4) 信号 $s(t)$ と電力スペクトル密度（両側周波数表示）が $N_0/2$ の白色雑音を相関受信器に入力したときの出力信号対雑音比を求めよ。ただし，局部信号を $g_0(t)\sin 2\pi f_n t$ とする。

[問 10.3] 信号 $s(t)$ は式（10.52）で与えられる。

$$s(t) = \sum_{k=-\infty}^{\infty} (a_k \cos 2\pi f_n t + b_k \sin 2\pi f_n t) g_0(t-kT) \tag{10.52}$$

ただし，$g_0(t)$ は始点が $t=0$ にあり，幅が T，振幅が 1 の方形パ

ルスである。また，f_n は式 (10.53) で与えられる。ここで，n は正整数である。

$$f_n = \frac{n}{T} \tag{10.53}$$

（1） 信号 $s(t)$ を $g_0(t)\cos 2\pi f_n t$ に対する整合フィルタに入力したときの $t = rT$ における出力を求めよ。ただし，r は整数である。

（2） 信号 $s(t)$ を $g_0(t)\sin 2\pi f_n t$ に対する整合フィルタに入力したときの $t = rT$ における出力を求めよ。ただし，r は整数である。

（3） 信号 $s(t)$ と電力スペクトル密度（両側周波数表示）が $N_0/2$ の白色雑音を $g_0(t)\cos 2\pi f_n t$ に対する整合フィルタに入力した。出力の $t = rT$ における信号対雑音比を求めよ。ただし，r は整数である。

（4） 信号 $s(t)$ と電力スペクトル密度（両側周波数表示）が $N_0/2$ の白色雑音を $g_0(t)\sin 2\pi f_n t$ に対する整合フィルタに入力した。出力の $t = rT$ における信号対雑音比を求めよ。ただし，r は整数である。

[問 10.4] 信号 $s(t)$ は式 (10.54) で与えられる。

$$s(t) = \sum_{k=-\infty}^{\infty} (a_k \cos 2\pi f_n t + b_k \sin 2\pi f_n t) g_0(t - kT) \tag{10.54}$$

ただし，$g_0(t)$ は始点が $t = 0$ にあり，幅が T，振幅が 1 の方形パルスである。また，f_n は式 (10.55) で与えられる。ここで，n は正整数である。

$$f_n = \frac{n}{T} \tag{10.55}$$

（1） 信号 $s(t)$ を相関受信器に入力したときの出力を求めよ。ただし，局部信号を $g_0(t - rT)\cos 2\pi f_n t$ とする。また，r は整数である。

154　10. OFDM 方式

(2) 信号 $s(t)$ を相関受信器に入力したときの出力を求めよ。ただし，局部信号を $g_0(t - rT)\sin 2\pi f_n t$ とする。また，r は整数である。

(3) 信号 $s(t)$ と電力スペクトル密度（両側周波数表示）が $N_0/2$ の白色雑音を相関受信器に入力したときの出力信号対雑音比を求めよ。ただし，局部信号を $g_0(t - rT)\cos 2\pi f_n t$ とする。また，r は整数である。

(4) 信号 $s(t)$ と電力スペクトル密度（両側周波数表示）が $N_0/2$ の白色雑音を相関受信器に入力したときの出力信号対雑音比を求めよ。ただし，局部信号を $g_0(t - rT)\sin 2\pi f_n t$ とする。また，r は整数である。

[問 10.5] x_n は式（10.56）に示すとおり d_k の N 元 DFT である（$k = 0, 1, \cdots, N-1$）。

$$x_n = \sum_{k=0}^{N-1} d_k W_N^{-nk} \qquad \left(W_N = e^{\frac{j2\pi}{N}}\right) \tag{10.56}$$

(1) x_n は周期的であり式（10.57）が成り立つことを証明せよ。

$$x_{N+n} = x_n \tag{10.57}$$

(2) $$u(m, k) = \sum_{i=0}^{N-1} W_N^{(m-k)i}$$
$$(0 \leq m \leq N-1, \quad 0 \leq k \leq N-1) \tag{10.58}$$

とする。$k = m$ のときは $u(m, k) = N$，その他のときは $u(m, k) = 0$ であることを証明せよ。

(3) $x_r, x_{r+1}, \cdots, x_{N+r-1}$ の IDFT S_m は $W_N^{-rm} d_m$ となることを証明せよ（$m = 0, 1, \cdots, N-1$）。ただし，r は任意の整数とする。

[問 10.6] 10.3 節で述べた離散時間 OFDM において $N = 4, R = 2, D = 3$ の場合を検討する。式（10.45）の y_n を $4 \leq n \leq 9$ に対して書き，それを用いてつぎの問に答えよ。

(1) y_4, y_5, y_6, y_7 の IDFT を計算しても正しい復調はできない。この理由を述べよ。

(2) y_6, y_7, y_8, y_9 の IDFT を計算しても正しい復調はできない。この理由を述べよ。

(3) y_5, y_6, y_7, y_8 の IDFT を計算すれば正しい復調ができる。この理由を述べよ。また，復調結果を計算せよ。

[問 10.7] 式 (10.46) の $y_{k(N+R)+R+D+m}$ ($m = 0, 1, \cdots, N-1$) の IDFT $z_{n,k}$ を実際に計算して，式 (10.47) を証明せよ。

[問 10.8] 10.2.3 項の [例 1] において，変調データが正しく復調されることを式により示せ。

[問 10.9] 10.2.3 項の [例 2] において，ϕ_m を適切に選定し，その場合に，変調データが正しく復調されることを式により示せ。

11. 干渉と符号誤り率

5章では理想的な通信方式の構成と特性を示した。しかし，実際の通信方式にはガウス雑音以外にも種々の劣化要因が存在し，信号の正しい検出を妨害する。したがって，その評価および対策の検討が必要である。ここでは，ガウス雑音に加えて符号間干渉が存在する両極性伝送方式を対象とし，その特性を解析する。

受信側にトランスバーサル等化器（離散時間フィルタ）を設けた方式構成とし，その各部における信号と雑音を定式化する。その結果を用いて BER（ビット誤り率）を計算する。最後に，簡単な2タップ等化における事例を示す。

なお干渉の問題は，多数のシステムが同じ空間を利用する無線通信において特に重要である。この一例として，QPSK におけるチャネル内およびチャネル間干渉の解析を付録 H に示す。

11.1 方 式 構 成

図 11.1 においてポート ① における送信信号を

$$s_1(t) = \sum_{n=-\infty}^{\infty} a_n g_T(t - nT) \tag{11.1}$$

とする。ただし，a_n は等確率で ± 1 をとる独立な確率変数である。これが伝送路，受信フィルタ，標本化回路，トランスバーサル等化器を経て ⑦ における出力となる。

図において，電力スペクトル密度が $N_0/2$ の白色ガウス雑音がポート ③ に印加されている。これが受信フィルタ，標本化回路，トランスバーサル等化器を

11.2 孤立パルス伝送の場合

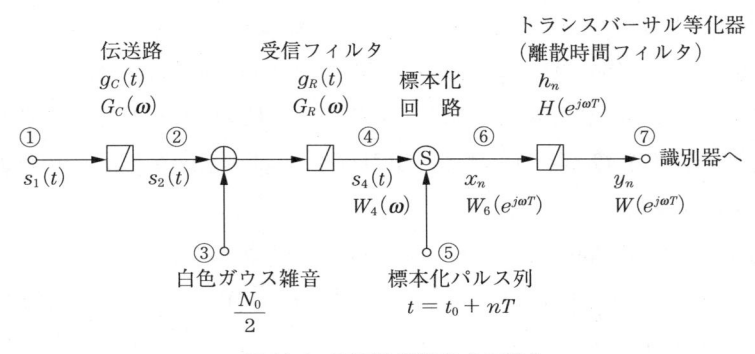

図 11.1 両極性伝送方式の構成

経てやはり ⑦ に出力される。⑦ に接続された識別器においては，この信号と雑音により，ビット誤り率が決定される。

伝送路のインパルス応答を $g_C(t)$，伝達関数を $G_C(\omega)$ とする。受信フィルタのインパルス応答を $g_R(t)$，伝達関数を $G_R(\omega)$ とする。トランスバーサル等化器のインパルス応答を h_n，伝達関数を $H(e^{j\omega T})$ とする。標本化回路は時刻 $t = t_0 + nT$ において標本化を行う。

11.2 孤立パルス伝送の場合

準備として，孤立パルス伝送の場合の関係式を示すことにする。**図 11.2** はこのための波形伝送モデルである。① における送信パルス $g_T(t)$ は送信信号 $s_1(t)$ の要素パルスである。$g_T(t)$ の周波数スペクトルを $G_T(\omega)$ とする。伝送

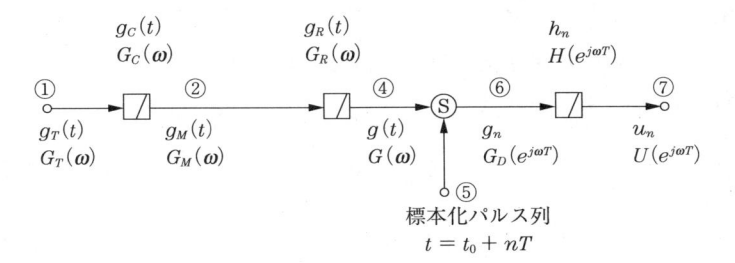

図 11.2 波形伝送モデル

路出力②におけるパルス波形を $g_M(t)$, その周波数スペクトルを $G_M(\omega)$ とする。受信フィルタ出力④におけるパルス波形を $g(t)$, その周波数スペクトルを $G(\omega)$ とする。標本化後の⑥における系列(離散時間信号)を g_n, その周波数スペクトルを $G_D(e^{j\omega T})$ とする。出力⑦における系列を u_n, その周波数スペクトルを $U(e^{j\omega T})$ とする。

これらに対する時間領域の関係式はつぎのとおりである。

$$g_M(t) = g_T(t) * g_C(t), \quad g(t) = g_M(t) * g_R(t) \tag{11.2}$$

$$g_n = g(t_0 + nT), \quad u_n = g_n * h_n \tag{11.3}$$

また, 周波数領域の関係式はつぎのとおりである。

$$G_M(\omega) = G_T(\omega) G_C(\omega), \quad G(\omega) = G_M(\omega) G_R(\omega) \tag{11.4}$$

$$G_D(e^{j\omega T}) = \sum_{n=-\infty}^{\infty} g_n e^{-jn\omega T} \tag{11.5}$$

$$U(e^{j\omega T}) = G_D(e^{j\omega T}) H(e^{j\omega T}) \tag{11.6}$$

ここでは, ⑦の出力 u_n のうち u_0 を信号と定める。したがって, $u_n (n \neq 0)$ は符号間干渉である。ゼロ符号間干渉条件は離散時間信号 u_n が δ_n に比例すること, すなわち $U(e^{j\omega T})$ が定数になることである。なお, $G_D(e^{j\omega T})$ を $G(\omega)$ を用いて表現すれば式 (11.7) のとおりになる (1 章参照)。

$$G_D(e^{j\omega T}) = \frac{1}{T} \sum_{n=-\infty}^{\infty} G(\omega - n\omega_r) e^{j(\omega - n\omega_r) t_0} \quad \left(\omega_r = \frac{2\pi}{T} \right) \tag{11.7}$$

11.3 信号および雑音の記述

11.3.1 信　　　号

図 11.1 ①における送信信号は式 (11.1) の $s_1(t)$ である。図の各部における信号はつぎのとおりになる。

$$s_2(t) = s_1(t) * g_C(t) = \sum_{n=-\infty}^{\infty} a_n g_M(t - nT) \tag{11.8}$$

$$s_4(t) = s_2(t) * g_R(t) = \sum_{n=-\infty}^{\infty} a_n g(t - nT) \tag{11.9}$$

$$x_n = \sum_{m=-\infty}^{\infty} a_m g(t_0 + nT - mT) = \sum_{m=-\infty}^{\infty} a_m g_{n-m} = a_n * g_n \quad (11.10)$$

$$y_n = x_n * h_n = a_n * g_n * h_n = a_n * u_n \quad (11.11)$$

ただし，u_n は式 (11.3) で与えられる。

y_n を書き直せば次式のとおりになる。

$$y_n = a_n u_0 + I_n \quad (11.12)$$

$$I_n = \sum_{m \neq 0} a_{n-m} u_m \quad (11.13)$$

$a_n u_0$ は希望信号，I_n は符号間干渉である。

11.3.2 雑　　　　音

ガウス雑音は WSS の一種であり，雑音電力スペクトル密度および雑音電力の計算は 2 章に示した方法で行うことができる。図 11.1 の各部における雑音電力スペクトル密度は以下の式で与えられる。

$$W_4(\omega) = \frac{N_0}{2} |G_R(\omega)|^2 \quad (11.14)$$

$$W_6(e^{j\omega T}) = \frac{1}{T} \sum_{n=-\infty}^{\infty} W_4(\omega - n\omega_r) \quad (11.15)$$

$$W(e^{j\omega T}) = W_6(e^{j\omega T}) |H(e^{j\omega T})|^2 \quad (11.16)$$

出力 ⑦ における雑音電力 $\sigma_N{}^2$ は式 (11.17) で与えられる（2.2.2 項参照）。

$$\sigma_N{}^2 = \frac{1}{\omega_r} \int_{-\frac{\omega_r}{2}}^{\frac{\omega_r}{2}} W(e^{j\omega T}) \, d\omega \quad (11.17)$$

以上は周波数領域における表現であるが，つぎに時間領域における表現を示す。まず $|G_R(\omega)|^2$ のインパルス応答を $q(t)$ とすれば式 (11.18) が成り立つ。

$$q(t) = g_R(t) * g_R(-t) \quad (11.18)$$

さらにこの $t = nT$ における標本値を

$$q_n = q(nT) \quad (11.19)$$

とおく。

図 11.1 ④ における雑音の自己相関関数は $(N_0/2) q(\tau)$ である。したがって，図 ⑥ における雑音の自己相関関数は $(N_0/2) q_n$ であり，その電力スペクトル密

度 $W_6(e^{j\omega T})$ は式 (11.20) で与えられる (2.3 節参照)。

$$W_6(e^{j\omega T}) = \frac{N_0}{2} \sum_{n=-\infty}^{\infty} q_n e^{-jn\omega T} \tag{11.20}$$

図 11.1 における等化器の伝達関数 $H(e^{j\omega T})$ はそのインパルス応答 h_n によって式 (11.21) で表される。

$$H(e^{j\omega T}) = \sum_{n=-\infty}^{\infty} h_n e^{-jn\omega T} \tag{11.21}$$

式 (11.16) にこれらを代入して計算の結果，式 (11.22) を得る。

$$W(e^{j\omega T}) = \frac{N_0}{2} \sum_{n=-\infty}^{\infty} (q_n * h_n * h_{-n}) e^{-jn\omega T} \tag{11.22}$$

さらに，これを式 (11.17) に代入して式 (11.23) を得る。

$$\sigma_N{}^2 = \frac{N_0}{2} \sum_{n=-\infty}^{\infty} \sum_{k=-\infty}^{\infty} q_{n-k} h_k h_n \tag{11.23}$$

11.4 BER

図 11.1 の出力（信号および雑音）をしきい値 0 で識別した場合の BER (ビット誤り率) P_e は式 (11.24) で表すことができる[†]。

$$P_e = E\left[Q\left(\frac{u_0 + I_n}{\sigma_N} \right) \right] \tag{11.24}$$

ただし，$E[\ ]$ は平均を示す記号である（ここでは，確率変数 I_n に対する平均を意味する）。関数 $Q(z)$ は式 (11.25) で与えられる (3 章参照)。

$$Q(z) = \frac{1}{\sqrt{2\pi}} \int_z^{\infty} e^{-\frac{u^2}{2}} du \tag{11.25}$$

なお，ここでは

$$u_0 > 0 \tag{11.26}$$

と仮定している。

［例］両隣接タイムスロットに対する符号間干渉だけが存在する場合には

[†] タイムスロット n において，$a_n = 1$ として計算している。$a_n = -1$ としても同じ結果になる。

$$u_n = 0 \quad (n \text{ は } -1, 0, 1 \text{ 以外}) \tag{11.27}$$

である。このとき I_n は式 (11.28) のとおりになる。

$$I_n = a_{n-1} u_1 + a_{n+1} u_{-1} \tag{11.28}$$

したがって，I_n の確率分布は**表 11.1** のとおりになる。

表 11.1 I_n の振幅と発生確率

振　幅	発生確率
$u_1 + u_{-1}$	1/4
$u_1 - u_{-1}$	1/4
$-u_1 + u_{-1}$	1/4
$-u_1 - u_{-1}$	1/4

よって BER は式 (11.29) で与えられる。

$$\begin{aligned}P_e = &\frac{1}{4} Q\left(\frac{u_0 + u_1 + u_{-1}}{\sigma_N}\right) + \frac{1}{4} Q\left(\frac{u_0 + u_1 - u_{-1}}{\sigma_N}\right) \\ &+ \frac{1}{4} Q\left(\frac{u_0 - u_1 + u_{-1}}{\sigma_N}\right) + \frac{1}{4} Q\left(\frac{u_0 - u_1 - u_{-1}}{\sigma_N}\right)\end{aligned} \tag{11.29}$$

11.5 簡単な事例

11.5.1 前提

（1） ここでは，伝送路にエコーひずみが存在し，そのインパルス応答が

$$g_c(t) = \delta(t) + r\delta(t - T) \tag{11.30}$$

で与えられる場合を具体的に検討する。ここでは，遅延波の遅延時間は符号周期 T に等しい。r は遅延波の振幅比を示す。

（2） 送信パルス波形および受信フィルタのインパルス応答はともに方形とする。具体的には $g_0(t)$ を振幅が 1，幅が T で中心が $t = 0$ にある方形パルスとし，式 (11.31) のとおりとする。

$$g_T(t) = g_R(t) = g_0(t) \tag{11.31}$$

（3） 等化器を 2 タップとする。すなわち h_0，h_1 以外の h_n は 0 とする。

（4） 標本化時刻は $t_0 = 0$ とする。

(5) $g_M(t)$ のエネルギーを E_b とし $E_b/N_0 = \rho_0$ とおく．これから行う BER の数値計算結果の記述にはこの ρ_0 を用いる．

(6) 図 11.2 の波形伝送モデルの出力信号成分 u_0 がつねに 1 となるように等化器利得を定める．

(7) さらに
$$x = h_1 T \tag{11.32}$$
とおき，x を正規化タップ係数と呼ぶ．

11.5.2 各種表示式

計算の結果，式 (11.33)〜(11.38) を得る．

$$\left. \begin{aligned} & g_0 = T, \quad g_1 = rT \\ & g_n = 0 \quad (n \text{ が } 0, 1 \text{ 以外の場合}) \end{aligned} \right\} \tag{11.33}$$

$$E_b = (1 + r^2) T \tag{11.34}$$

$$\rho_0 = \frac{(1 + r^2) T}{N_0} \tag{11.35}$$

$$\left. \begin{aligned} & h_0 = \frac{1}{T} \\ & u_0 = 1, \quad u_1 = r + x, \quad u_2 = rx \\ & u_n = 0 \quad (n \text{ が } 0, 1, 2 \text{ 以外の場合}) \end{aligned} \right\} \tag{11.36}$$

$$\sigma_N{}^2 = \frac{(1 + x^2)(1 + r^2)}{2\rho_0} \tag{11.37}$$

$$\begin{aligned} P_b = & \frac{1}{4} Q\left(\frac{1 + u_1 + u_2}{\sigma_N}\right) + \frac{1}{4} Q\left(\frac{1 + u_1 - u_2}{\sigma_N}\right) \\ & + \frac{1}{4} Q\left(\frac{1 - u_1 + u_2}{\sigma_N}\right) + \frac{1}{4} Q\left(\frac{1 - u_1 - u_2}{\sigma_N}\right) \end{aligned} \tag{11.38}$$

11.5.3 BER の計算結果と検討

式 (11.36)〜(11.38) を用い，ρ_0 を固定し，r をパラメータとして，正規化タップ係数 x に対する BER（ビット誤り率）P_b を計算した．ρ_0 が 0 dB の

場合を図 11.3 に，10 dB の場合を図 11.4 に示す．

等化の効果を調べるため式(11.39)のように BER 改善比を定義する．

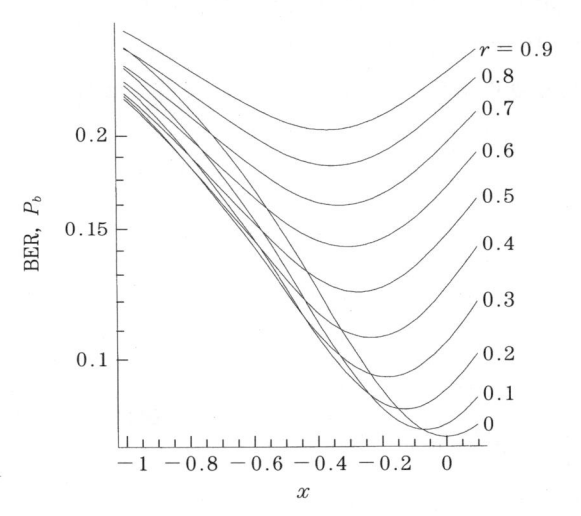

図 11.3 x 対 P_b の計算結果 (ρ_0: 0 dB)

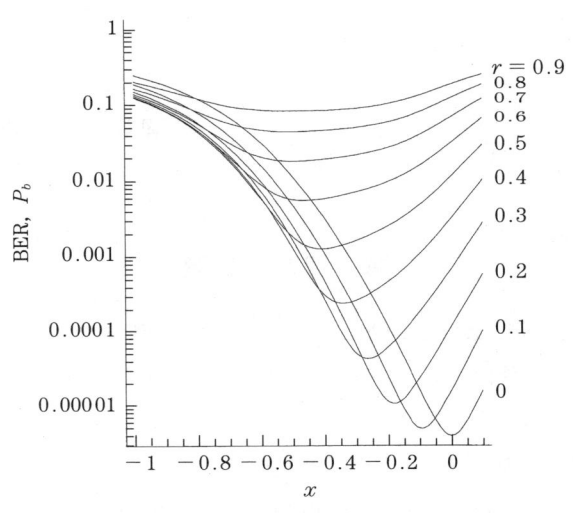

図 11.4 x 対 P_b の計算結果 (ρ_0: 10 dB)

$$\text{BER 改善比} = \frac{\text{BER の最小値}}{\text{無等化時 BER}} \tag{11.39}$$

r に対する BER 改善比の計算結果を図 11.5, 図 11.6 に示す. $\rho_0 = 0\,\text{dB}$ すなわち低 SNR では改善の効果は小さい. 一方, $\rho_0 = 10\,\text{dB}$ すなわち高 SNR ではかなり効果があり, 特に r が $0.2 \sim 0.5$ では BER が約 1 けた改善される.

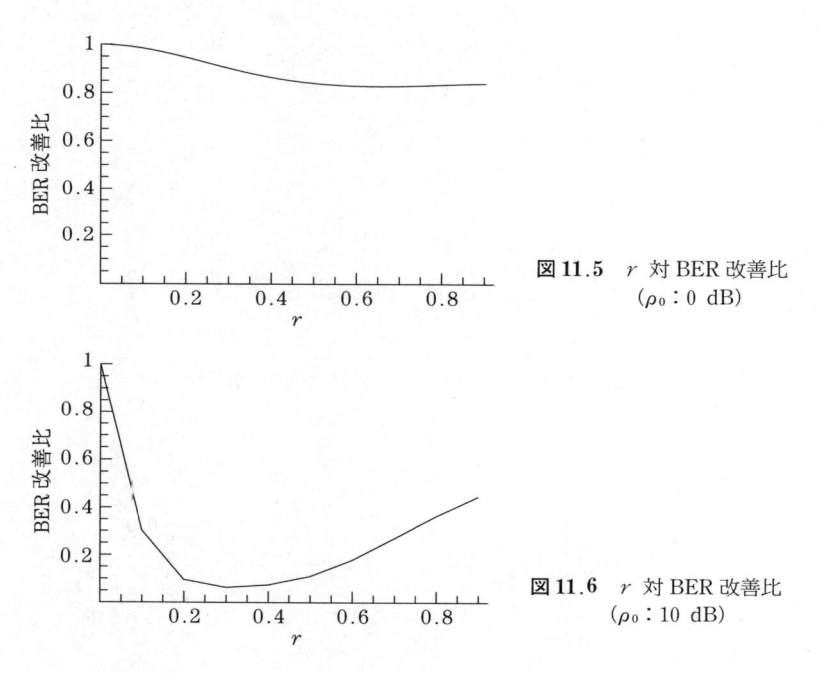

図 11.5　r 対 BER 改善比 (ρ_0：0 dB)

図 11.6　r 対 BER 改善比 (ρ_0：10 dB)

演習問題

[問 11.1]　11.5 節に示した事例においてつぎの点を変更する.
(1)　受信フィルタのインパルス応答 $g_R(t)$ を受信パルス波形 $g_M(t)$ に対する整合フィルタとする.
(2)　等化器は 3 タップとする.
これについて BER 特性を計算し, その結果から等化の効果を検討せよ.

付　　　録

A．搬送波帯 LTI システム

A.1　伝達関数の表現

インパルス応答が実数の搬送波帯伝達関数 $H(\omega)$ は一般的に式 (a.1) で表すことができる。

$$H(\omega) = H_B(\omega - \omega_c)e^{j\phi_0} + H_B{}^*(-\omega - \omega_c)e^{-j\phi_0} \tag{a.1}$$

ここで，$H_B(\omega)$ は $H(\omega)$ の等価低域伝達関数であり，ω_c に帯域制限されているものとする。ϕ_0 は $H(\omega)$ の ω_c における位相回転である。このため $H_B(0)$ は実数となる。

A.2　インパルス応答

等価低域伝達関数 $H_B(\omega)$ を，式 (a.2)〜(a.5) に示すように，まず実部と虚部に分解し，つぎにそれらを偶関数と奇関数に分解する。

$$H_B(\omega) = X(\omega) + jY(\omega) \tag{a.2}$$

$$X(\omega) = X_E(\omega) + X_o(\omega), \quad Y(\omega) = Y_E(\omega) + Y_o(\omega) \tag{a.3}$$

$$X_E(\omega) = \frac{X(\omega) + X(-\omega)}{2}, \quad X_o(\omega) = \frac{X(\omega) - X(-\omega)}{2} \tag{a.4}$$

$$Y_E(\omega) = \frac{Y(\omega) + Y(-\omega)}{2}, \quad Y_o(\omega) = \frac{Y(\omega) - Y(-\omega)}{2} \tag{a.5}$$

$X_E(\omega)$ および $Y_E(\omega)$ は偶関数，$X_o(\omega)$ および $Y_o(\omega)$ は奇関数である。

ここで

$$H_S(\omega) = X_E(\omega) + jY_o(\omega), \quad H_D(\omega) = Y_E(\omega) - jX_o(\omega) \tag{a.6}$$

とおく。この結果，式 (a.7) を得る。

$$H_B(\omega) = H_S(\omega) + jH_D(\omega) \tag{a.7}$$

$H_S(\omega)$ および $H_D(\omega)$ のインパルス応答をそれぞれ $h_S(t)$ および $h_D(t)$ とする。これらはともに実数である。

式 (a.1) の搬送波帯伝達関数 $H(\omega)$ のインパルス応答 $h(t)$ は式 (a.8) のとおり

になる。
$$h(t) = 2\,h_S(t)\cos(\omega_c t + \phi_0) - 2\,h_D(t)\sin(\omega_c t + \phi_0) \tag{a.8}$$

A.3 一般の入力信号に対する応答

搬送波信号 $f_\text{in}(t)$ をその同相および直交成分によって式 (a.9) で表す。
$$f_\text{in}(t) = f_I(t)\cos\omega_c t + f_Q(t)\sin\omega_c t \tag{a.9}$$
$f_I(t)$ および $f_Q(t)$ は ω_c に帯域制限されているものとする。

式 (a.1) に示す伝達関数 $H(\omega)$ をもつ LTI システムに $f_\text{in}(t)$ を印加したときの出力 $f_\text{out}(t)$ は式 (a.10) のとおりになる。
$$\begin{aligned}f_\text{out}(t) =&\{f_I(t)*h_S(t)\}\cos(\omega_c t + \phi_0) - \{f_I(t)*h_D(t)\}\sin(\omega_c t + \phi_0)\\ &+\{f_Q(t)*h_S(t)\}\sin(\omega_c t + \phi_0) + \{f_Q(t)*h_D(t)\}\cos(\omega_c t + \phi_0)\end{aligned} \tag{a.10}$$

式 (a.10) の第2項および第4項は相間干渉 (同相, 直交成分間の干渉, IQ 間干渉) を示している。

相関干渉が存在しない場合には，入力同相成分 $f_I(t)$ に対する出力同相成分は $f_I(t)*h_S(t)$ となり，入力直交成分 $f_Q(t)$ に対する出力直交成分は $f_Q(t)*h_S(t)$ となる (これを bandpass lowpass analogy という)。

相間干渉が存在しないための条件は
$$h_D(t) = 0 \tag{a.11}$$
すなわち
$$H_D(\omega) = 0 \tag{a.12}$$
である。この場合には $H_B(\omega)$ は共役対称特性となり，そのインパルス応答は実数となる。

A.4 同期検波

同期検波とは，搬送波信号と基準搬送波の積の低周波成分を取り出す操作である。式 (a.10) の信号 $f_\text{out}(t)$ を基準搬送波 $\cos(\omega_c t + \theta_0)$ により同期検波した結果を $f_B(t)$ とする。$f_B(t)$ は式 (a.13) のとおりになる。
$$\begin{aligned}f_B(t) =&\frac{1}{2}\{f_I(t)*h_S(t)\}\cos(\phi_0 - \theta_0) - \frac{1}{2}\{f_I(t)*h_D(t)\}\sin(\phi_0 - \theta_0)\\ &+\frac{1}{2}\{f_Q(t)*h_S(t)\}\sin(\phi_0 - \theta_0) + \frac{1}{2}\{f_Q(t)*h_D(t)\}\cos(\phi_0 - \theta_0)\end{aligned}$$
$$\tag{a.13}$$

B. 結合 WSS および帯域 WSS[7]

B.1 結合 WSS

WSS $x(t)$ および $y(t)$ がある。式 (b.1) のように，これらの自己相関関数および相互相関関数がすべて時刻 t に依存せず τ のみの関数であるとき，これらを**結合 WSS** (jointly WSS random process) と呼ぶ。

$$\left. \begin{array}{l} R_x(\tau) = E[x(t+\tau)x(t)], \quad R_y(\tau) = E[y(t+\tau)y(t)] \\ R_{xy}(\tau) = E[x(t+\tau)y(t)], \quad R_{yx}(\tau) = E[y(t+\tau)x(t)] \end{array} \right\} \quad \text{(b.1)}$$

$x(t)$ および $y(t)$ が結合 WSS であるとき，両者の和

$$z(t) = x(t) + y(t) \quad \text{(b.2)}$$

は WSS となる。ここでもし

$$R_{xy}(\tau) = R_{yx}(\tau) = 0 \quad \text{(b.3)}$$

であれば

$$R_z(\tau) = R_x(\tau) + R_y(\tau) \quad \text{(b.4)}$$

が成り立ち，自己相関関数，電力および電力スペクトル密度に関して加算則が成り立つ。

B.2 帯域 WSS

〔1〕 **基本式と前提** 帯域 WSS も WSS の一種であるから，本文 2.1.2 項で述べたことがらがすべて成り立つ。ここでは，その同相，直交成分の自己相関関数と電力スペクトル密度の関係を示す。

帯域確率過程 $x(t)$ を式 (b.5) で表す。

$$x(t) = x_I(t)\cos \omega_0 t + x_Q(t)\sin \omega_0 t \quad \text{(b.5)}$$

同相成分 $x_I(t)$ と直交成分 $x_Q(t)$ は平均値 0 の結合 WSS とする。また，両者は ω_0 に帯域制限されているとする。

$x(t)$，$x_I(t)$ および $x_Q(t)$ の自己相関関数をそれぞれ $R_x(\tau)$，$R_I(\tau)$ および $R_Q(\tau)$ とする。また，$x_I(t)$ と $x_Q(t)$ の相互相関関数をそれぞれ $R_{IQ}(\tau)$ および $R_{QI}(\tau)$ とする。

〔2〕 **WSS となるための条件** $x(t)$ が WSS となるための条件を計算すると式 (b.6) を得る。

$$R_I(\tau) = R_Q(\tau), \quad R_{IQ}(\tau) = -R_{QI}(\tau) \quad \text{(b.6)}$$

〔3〕 **自己相関関数，相互相関関数および電力** $x(t)$ を WSS とすれば，これまでの式より式 (b.7)〜(b.9) を得る。

$$R_x(\tau) = R_I(\tau)\cos\omega_0\tau - R_{IQ}(\tau)\sin\omega_0\tau \tag{b.7}$$

$$R_I(-\tau) = R_I(\tau) \tag{b.8}$$

$$R_{IQ}(-\tau) = -R_{IQ}(\tau) \tag{b.9}$$

$x(t)$ の電力を σ_x^2, その同相および直交成分の電力をそれぞれ σ_I^2 および σ_Q^2 とすれば式 (b.10) を得る。

$$\sigma_x^2 = \sigma_I^2 = \sigma_Q^2 \tag{b.10}$$

〔4〕 **電力スペクトル密度**　$x(t)$ を上述の帯域 WSS とし,その電力スペクトル密度を $W_x(\omega)$ とする。また,同相成分 $x_I(t)$ の電力スペクトル密度を $W_I(\omega)$, 直交成分 $x_Q(t)$ の電力スペクトル密度を $W_Q(\omega)$ とする。さらに $R_{IQ}(\tau)$ および $R_{QI}(\tau)$ のフーリエ変換をそれぞれ $jW_{IQ}(\omega)$ および $jW_{QI}(\omega)$ とする。$W_x(\omega)$, $W_I(\omega)$, $W_{IQ}(\omega)$ および $W_{QI}(\omega)$ はすべて実関数で,式 (b.11)〜(b.15) が成り立つ。

$$W_x(\omega) = \frac{1}{2}W_I(\omega - \omega_0) - \frac{1}{2}W_{IQ}(\omega - \omega_0) + \frac{1}{2}W_I(\omega + \omega_0)$$
$$+ \frac{1}{2}W_{IQ}(\omega + \omega_0) \tag{b.11}$$

$$W_I(\omega) = W_Q(\omega) \tag{b.12}$$

$$W_I(-\omega) = W_I(\omega) \tag{b.13}$$

$$W_{IQ}(-\omega) = -W_{IQ}(\omega) \tag{b.14}$$

$$W_{IQ}(\omega) = -W_{QI}(\omega) \tag{b.15}$$

$W_I(\omega)$ を $W_x(\omega)$ によって表せば式 (b.16) のとおりになる。

$$\begin{aligned}W_I(\omega) &= W_x(\omega + \omega_0) + W_x(\omega - \omega_0) &&(|\omega| < \omega_0)\\ &= 0 &&(|\omega| \geq \omega_0)\end{aligned} \tag{b.16}$$

さらに $x_I(t)$ と $x_Q(t)$ が無相関であれば,式 (b.17) が成り立つ。

$$W_x(\omega) = \frac{1}{2}W_I(\omega - \omega_0) + \frac{1}{2}W_I(\omega + \omega_0) \tag{b.17}$$

〔5〕 **乗積検波**　WSS $x(t)$ を搬送波 $\cos(\omega_0 t + \theta_0)$ と乗算し,その $(-\omega_0, \omega_0)$ における成分を取り出した結果を $y(t)$ とする。$y(t)$ の自己相関関数を $R_y(\tau)$, 電力を σ_y^2, 電力スペクトル密度を $W_y(\omega)$ とすれば,式 (b.18)〜(b.20) が成り立つ。

$$R_y(\tau) = \frac{1}{4}R_I(\tau) \tag{b.18}$$

$$\sigma_y^2 = \frac{1}{4}\sigma_I^2 = \frac{1}{4}\sigma^2 \tag{b.19}$$

$$W_y(\omega) = \frac{1}{4}W_I(\omega) \tag{b.20}$$

C. 結合ガウス変数と定常ガウス過程[7]

C.1 結合ガウス変数

〔**1**〕 **定 義** 確率変数 $x_1, x_2, \cdots, x_N$ の平均値および共分散を次式のとおりとする。

$$a_k = E[x_k] \tag{c.1}$$

$$a_{nm} = E[(x_n - a_n)(x_m - a_m)] \tag{c.2}$$

これらを用いて，式 (c.3), (c.4) に示すベクトルと行列を定義する。

$$[x - a_x] = \begin{bmatrix} x_1 - a_1 \\ x_2 - a_2 \\ \vdots \\ x_N - a_N \end{bmatrix} \tag{c.3}$$

$$[A] = \begin{bmatrix} a_{11} & a_{12} & \cdots & a_{1N} \\ a_{21} & a_{22} & \cdots & a_{2N} \\ \vdots & \vdots & & \vdots \\ a_{N1} & a_{N2} & \cdots & a_{NN} \end{bmatrix} \tag{c.4}$$

$[A]$ は**共分散行列** (covariance matrix) である。この逆行列を $[A]^{-1}$，行列式を $|A|$ とする。

$x_1, x_2, \cdots, x_N$ の結合確率密度関数が

$$p(x_1, x_2, \cdots, x_N) = \frac{|A|^{-1/2}}{(2\pi)^{N/2}} \exp\left\{-\frac{[x - a_x]^T [A]^{-1} [x - a_x]}{2}\right\} \tag{c.5}$$

で与えられるとき，$x_1, x_2, \cdots, x_N$ を**結合ガウス変数** (jointly Gaussian random variables) と呼ぶ。またこの確率分布を結合ガウス分布という。ただし，$[x - a_x]^T$ は $[x - a_x]$ の**転置** (transpose) を示す。

〔**2**〕 **二次元の場合の例** $N=2$ で x_1, x_2 が無相関だとする。

$$a_{12} = a_{21} = 0 \tag{c.6}$$

この場合には式 (c.5) は式 (c.7) のとおりになる。

$$\left.\begin{aligned} p(x_1, x_2) &= p_1(x_1) p_2(x_2) \\ p_1(x_1) &= \frac{1}{\sqrt{2\pi a_{11}}} e^{-\frac{(x_1 - a_1)^2}{2 a_{11}}} \\ p_2(x_2) &= \frac{1}{\sqrt{2\pi a_{22}}} e^{-\frac{(x_2 - a_2)^2}{2 a_{22}}} \end{aligned}\right\} \tag{c.7}$$

これは x_1 と x_2 が独立であることを示している。一般にガウス変数の場合には，無相関であればつねに独立となる。

C.2 定常ガウス過程

定常ガウス過程 $x(t)$ とは以下の条件を満足する確率過程である。

(1) 任意の N に対する任意の時間系列 $t_1, t_2, \cdots, t_N$ における $x(t)$ の値
$$x_1 = x(t_1), \ x_2 = x(t_2), \ \cdots, \ x_N = x(t_N) \tag{c.8}$$
は結合ガウス変数である。

(2) $x_1, x_2, \cdots, x_N$ の共分散 a_{nm} は式 (c.9) で与えられる。
$$a_{nm} = R_x(t_n - t_m) - \eta^2 \tag{c.9}$$
ただし，η は $x(t)$ の平均値である。

定常ガウス過程は以下の性質をもつ。

(イ) 定常ガウス過程は WSS である。その平均値 η および自己相関関数 $R_x(\tau)$ は時刻 t に依存しない。

(ロ) 定常ガウス過程の統計的性質は，その平均値と自己相関関数によって完全に規定される。

(ハ) 二つの定常ガウス過程が無相関であれば，両者は独立であり，自己相関関数，電力および電力スペクトル密度に関して加算則が成り立つ。

(ニ) LTI システムに定常ガウス過程を印加すると，その出力もまた定常ガウス過程になる。

D. ガウス雑音の展開式表示と乗積検波

D.1 展開式表示

〔1〕 **低域白色ガウス雑音** 電力スペクトル密度が $N_0/2$ で周波数帯域幅が $1/(2T_s)$ の低域白色ガウス雑音 $x(t)$ は式 (d.1) で展開できる。
$$x(t) = \sum_{n=-\infty}^{\infty} x_n \operatorname{sinc} \frac{t - nT_s}{T_s} \tag{d.1}$$
ここで標本値
$$x_n = x(nT_s)$$
は平均値が 0 で独立なガウス確率変数（ガウス分布する確率変数）であり，その分散は $N_0/(2T_s)$ で与えられる。

なお，$x(t)$ の電力スペクトル密度 $W_x(\omega)$ および自己相関関数 $R_x(\tau)$ は，式 (d.2) のとおりである。
$$W_x(\omega) = \frac{N_0}{2} \Pi\left(\frac{\omega}{\omega_s}\right), \quad R_x(\tau) = \frac{N_0}{2T_s} \operatorname{sinc} \frac{\tau}{T_s} \tag{d.2}$$
ただし

D. ガウス雑音の展開式表示と乗積検波　　　171

$$\omega_s = \frac{2\pi}{T_s} \tag{d.3}$$

である。また，$x(t)$ の電力は $N_0/(2T_s)$ である。

〔2〕 **一般の低域ガウス雑音**　インパルス応答が $h(t)$ のLPFがあり，その伝達関数 $H(\omega)$ は周波数 $1/(2T_s)$ に帯域制限されていると仮定する。このLPFに〔1〕の低域白色ガウス雑音 $x(t)$ を印加したときの出力を $y(t)$ とする。

ガウス雑音のLTIシステム応答はガウス雑音であることがわかっているから，この $y(t)$ もガウス雑音である。この展開式は式 (d.4) のとおりになる。

$$y(t) = \sum_{n=-\infty}^{\infty} y_n h(t - nT_s) \tag{d.4}$$

ただし

$$y_n = x_n T_s \tag{d.5}$$

であり，y_n の分散は $N_0 T_s/2$ である。

$y(t)$ の電力スペクトル密度 $W_y(\omega)$ および自己相関関数 $R_y(\tau)$ は式 (d.6) のとおりになる。

$$W_y(\omega) = \frac{N_0}{2}|H(\omega)|^2, \quad R_y(\tau) = \frac{N_0}{2}h(\tau)*h(-\tau) \tag{d.6}$$

また，$y(t)$ の電力は $N_0 E_h/2$ となる。ただし，E_h は $h(t)$ のエネルギーである。

式 (d.4) の $y(t)$ は，電力スペクトル密度が式 (d.6) で与えられる低域ガウス雑音（ω_s 帯域制限）の一般的表現になっている。

D.2 乗積検波

搬送波帯信号の同期検波の際に，それにガウス雑音が伴う場合には，**図 d.1** に示すような状況となる。

図 (a) では，電力スペクトル密度が $N_0/2$ の白色ガウス雑音が，まず局部信号 $\cos(\omega_c t + \theta_0)$ と乗算され，つぎに伝達関数が $A(\omega)$ のLPFを通過して出力となる。この際，LPFが ω_c に帯域制限されていれば，この出力はガウス雑音となり，その電力スペクトル密度は $(1/4)N_0|A(\omega)|^2$ となる。

つぎに図 (b) においては，電力スペクトル密度が $N_0/2$ の白色ガウス雑音が，まず伝達関数が

$$H(\omega) = H_B(\omega - \omega_c) + H_B^*(-\omega - \omega_c) \tag{d.7}$$

のBPFを通過し，つぎに局部信号 $\cos(\omega_c t + \theta_0)$ と乗算され，さらにLPFを通過して出力となる。

ここではBPFの等価低域伝達関数 $H_B(\omega)$ は振幅対称特性で ω_c に帯域制限されていると仮定する。この場合にも出力はガウス雑音となる。また，その電力スペクトル密度は $(1/4)N_0|H_B(\omega)A(\omega)|^2$ となる。

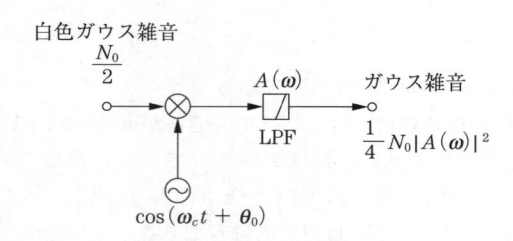

```
                    白色ガウス雑音
                        N₀/2         A(ω)       ガウス雑音
                        ○──────⊗────[ LPF ]──────→
                               │               (1/4)N₀|A(ω)|²
                               │
                              ~
                         cos(ω_c t + θ_0)
```

（a）白色ガウス雑音の乗積検波

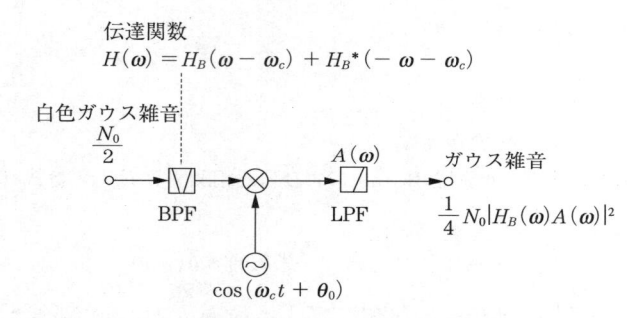

```
                  伝達関数
                  H(ω) = H_B(ω − ω_c) + H_B*(−ω − ω_c)
     白色ガウス雑音              │
         N₀/2                  A(ω)        ガウス雑音
         ○──[ BPF ]─────⊗─────[ LPF ]────→
                        │              (1/4)N₀|H_B(ω)A(ω)|²
                       ~
                  cos(ω_c t + θ_0)
```

（b）帯域制限ガウス雑音の乗積検波

図 d.1 ガウス雑音の乗積検波

E. 硬判定復号における符号誤り率の上限

E.1 ブロック符号の場合

〔1〕 **2信号誤り率**　ここでは，$M = 2^k$ 個の符号語のうち二つしか用いない場合の符号誤り率を計算する．符号語として式 (e.1) の $\boldsymbol{w}_1$ と $\boldsymbol{w}_2$ を用いることにし，$\boldsymbol{w}_1$ を送信した場合の符号誤り率の計算を行う．

$$\left.\begin{array}{l}\boldsymbol{w}_1 = (w_{1,1},\ w_{1,2},\ \cdots,\ w_{1,n}) \\ \boldsymbol{w}_2 = (w_{2,1},\ w_{2,2},\ \cdots,\ w_{2,n})\end{array}\right\} \qquad (\mathrm{e}.1)$$

復号には ML 復号器を用い，ハミング距離判定を行う．$\boldsymbol{w}_1$ と $\boldsymbol{w}_2$ の間のハミング距離を d とする．

BSC における誤りベクトルを $\boldsymbol{e}$ とすれば，受信語は $\boldsymbol{w}_1 + \boldsymbol{e}$ となる．これと $\boldsymbol{w}_1$ および $\boldsymbol{w}_2$ との間のハミング距離の関係には一般につぎの三つの場合がある．

（1）　$d_H(\boldsymbol{w}_1 + \boldsymbol{e},\ \boldsymbol{w}_1) < d_H(\boldsymbol{w}_1 + \boldsymbol{e},\ \boldsymbol{w}_2)$　　受信語は $\boldsymbol{w}_1$ に近い．

（2）　$d_H(\boldsymbol{w}_1 + \boldsymbol{e},\ \boldsymbol{w}_1) > d_H(\boldsymbol{w}_1 + \boldsymbol{e},\ \boldsymbol{w}_2)$　　受信語は $\boldsymbol{w}_2$ に近い．

E. 硬判定復号における符号誤り率の上限

（3） $d_H(\boldsymbol{w}_1 + \boldsymbol{e},\ \boldsymbol{w}_1) = d_H(\boldsymbol{w}_1 + \boldsymbol{e},\ \boldsymbol{w}_2)$　　受信語は $\boldsymbol{w}_1$ と $\boldsymbol{w}_2$ に対して等距離である。

（1）では正しい復号が行われ，（2）では誤りが発生する。（3）は中間の場合であるが，これに対して復号器は確率 1/2 でランダムに $\boldsymbol{w}_1$ または $\boldsymbol{w}_2$ を選択することにする。

（a） d が奇数の場合　　この場合には（3）はありえない。したがって，（2）の発生確率が符号誤り率となる。これを計算する。

$\boldsymbol{w}_1$ と $\boldsymbol{w}_2$ の対応するビットのうち，同じものが $n-d$ 個，異なるものが d 個ある。便宜上，前者を S グループ，後者を D グループと呼ぶ。

BSC において，$\boldsymbol{w}_1$ の S グループに j 個，D グループに i 個の誤りが生じたとする。ここで

$$\left.\begin{array}{l} d_H(\boldsymbol{w}_1 + \boldsymbol{e},\ \boldsymbol{w}_1) = j + i \\ d_H(\boldsymbol{w}_1 + \boldsymbol{e},\ \boldsymbol{w}_2) = d + j - i \end{array}\right\} \tag{e.2}$$

であるから（2）の条件は

$$i > \frac{d}{2} \tag{e.3}$$

となる。i は当然 d 以下であるから符号誤り率は式（e.4）のとおりになる。

$$P_e(d,\ p) = \sum_{i=\frac{d+1}{2}}^{d} {}_dC_i\, p^i(1-p)^{d-i} \tag{e.4}$$

（b） d が偶数の場合　　（2）および（3）の場合に誤りが生じる。（2）の条件はやはり式（e.3）で与えられる。一方，（3）の条件は

$$i = \frac{d}{2} \tag{e.5}$$

となる。したがって，式（e.6）の結果を得る[†]。

$$P_e(d,\ p) = \sum_{i=\frac{d}{2}+1}^{d} {}_dC_i\, p^i(1-p)^{d-i} + \frac{1}{2}\,{}_dC_{\frac{d}{2}}\, p^{\frac{d}{2}}(1-p)^{\frac{d}{2}} \tag{e.6}$$

〔2〕符号誤り率の上限　　符号語 $\boldsymbol{w}_1, \boldsymbol{w}_2, \cdots, \boldsymbol{w}_M$ を用いる BSC 通信方式モデルにおいて，送信側における符号語の発生は等確率とする。受信側は ML 復調を行う。

符号語 $\boldsymbol{w}_1$ を送信した場合について述べる。この場合の**符号誤り率の上限**（union bound）$P_w^{(U)}$ は式（e.7）で与えられる。

$$P_w^{(U)} = \sum_{m=2}^{M} P_e(d_{H,1,m},\ p) \tag{e.7}$$

---

† （3）の場合においては受信語の半数を $\boldsymbol{w}_1$ と，残りの半数を $\boldsymbol{w}_2$ と判定したと考える。

ただし, $P_e(d_{H,1,m}, p)$ は式 (e.4) あるいは式 (e.6) で与えられる。$d_{H,1,m}$ は $\boldsymbol{w}_1$ と $\boldsymbol{w}_m$ のハミング距離である。

E.2 畳込み符号の場合

ビット誤り率の上限 (union bound) を計算すると式 (e.8) を得る。

$$P_b^{(U)}(\text{coded, hard}) = \sum_{d=d_{\text{free}}}^{\infty} \beta(d) P_e(d, p) \tag{e.8}$$

ただし, d_{free} および $\beta(d)$ は 7.3.3 項において示したとおりである。$P_e(d, p)$ は式 (e.4) あるいは式 (e.6) で与えられる。また, p は BSC のビット誤り率である。

F. 周期的パルス列

周期的パルス列の自己相関関数, 線スペクトル電力および電力スペクトル密度の表示式をつくることがこの付録の目的である。このための準備として, まず周期的系列および周期的信号における関係式を求め, 最後に目的の式を求める。

F.1 周期的系列

無限長の実数系列

$$\cdots, x_{-3}, x_{-2}, x_{-1}, x_0, x_1, x_2, x_3, \cdots$$

がある。x_n が任意の n に対して式 (f.1) を満足するとき, これを周期 N の周期的系列と呼ぶ。

$$x_{n+N} = x_n \tag{f.1}$$

x_n の自己相関関数 $R_x(k)$ を式 (f.2) で定義する。

$$R_x(k) = \frac{1}{N} \sum_{n=0}^{N-1} x_{n+k} x_n \tag{f.2}$$

上記の無限長系列から, 1 周期分を取り出し, 式 (f.3) に示す周波数スペクトルをつくる。

$$X(e^{j\omega T_c}) = \sum_{n=0}^{N-1} x_n e^{-jn\omega T_c} \tag{f.3}$$

ここで

$$T_p = NT_c, \quad \omega_p = \frac{2\pi}{T_p} \tag{f.4}$$

とおけば式 (f.5) が成り立つ[†]。

[†] $\omega_p T_c = 2\pi/N$ であるから, これは DFT における関係式にほかならない。

F. 周期的パルス列

$$\sum_{k=0}^{N-1} R_x(k)\, e^{-jkn\omega_p T_c} = \frac{1}{N} X(e^{jn\omega_p T_c})\, X^*(e^{jn\omega_p T_c}) \tag{f.5}$$

F.2 周期的信号

周期 T_p の実関数 $f(t)$ を式 (f.6) で表す。

$$f(t) = \sum_{n=-\infty}^{\infty} f_p(t - nT_p) \tag{f.6}$$

この自己相関関数を式 (f.7) で定義する。

$$R_f(\tau) = \frac{1}{T_p} \int_0^{T_p} f(t+\tau) f(t)\, dt \tag{f.7}$$

$f_p(t)$ の周波数スペクトルを $F_p(\omega)$ とする。また $\omega_p = 2\pi/T_p$ とする。
ポアソン和公式を用いて式 (f.8) を得る。

$$f(t) = \frac{1}{T_p} \sum_{n=-\infty}^{\infty} F_p(n\omega_p)\, e^{jn\omega_p t} \tag{f.8}$$

式 (f.8) の右辺は ω_p 間隔の線スペクトルの集まりである。$\omega = n\omega_p$ における線スペクトル電力 $P_f(n\omega_p)$ は式 (f.9) で与えられる。

$$P_f(n\omega_p) = \frac{1}{T_p^2} F_p(n\omega_p) F_p^*(n\omega_p) \tag{f.9}$$

$R_f(\tau)$ と $P_f(n\omega_p)$ の間にはつぎの関係式が成り立つ。

$$R_f(\tau) = \sum_{n=-\infty}^{\infty} P_f(n\omega_p)\, e^{jn\omega_p \tau} \tag{f.10}$$

$$P_f(n\omega_p) = \frac{1}{T_p} \int_0^{T_p} R_f(\tau)\, e^{-jn\omega_p \tau} d\tau \tag{f.11}$$

$f(t)$ の電力スペクトル密度 $W_f(n\omega_p)$ を式 (f.12) で定義する。

$$W_f(n\omega_p) = \frac{2\pi}{\omega_p} P_f(n\omega_p) = T_p P_f(n\omega_p) \tag{f.12}$$

電力スペクトル密度とは、もともと周波数 1 Hz 当りの電力を意味する。

$P_f(n\omega_p)$ は周波数 $\omega_p/(2\pi)$ 〔Hz〕当りの電力であるから、これを 1 Hz 当りに換算した式 (f.12) の定義は妥当といえよう。

F.3 周期的パルス列

変調データが周期的系列であるパルス列を周期的パルス列と呼ぶ。ここでは変調データ系列（実数）を

$$\cdots,\ a_0,\ a_1,\ \cdots,\ a_{N-1},\ a_0,\ a_1,\ \cdots,\ a_{N-1},\ \cdots$$

とする。

周期が T_p で、この変調データ系列をもつ周期的パルス列 $f(t)$ は式 (f.13) で表すことができる。

$$f(t) = \sum_{n=-\infty}^{\infty} f_p(t - nT_p), \quad f_p(t) = \sum_{m=0}^{N-1} a_m g(t - mT_c) \tag{f.13}$$

ただし

$$T_p = NT_c, \quad \omega_p = \frac{2\pi}{T_p} \tag{f.14}$$

である。

　$f_p(t)$ の周波数スペクトル $F_p(\omega)$ は式 (f.15) のとおりになる。

$$F_p(\omega) = A(e^{j\omega T_c}) G(\omega) \tag{f.15}$$

ただし，$G(\omega)$ は $g(t)$ の周波数スペクトルである。また，$A(e^{j\omega T_c})$ は変調データ系列

$$a_0, \ a_1, \ a_2, \ \cdots, \ a_{N-1}$$

の周波数スペクトルであり，式 (f.16) で与えられる。

$$A(e^{j\omega T_c}) = \sum_{n=0}^{N-1} a_n e^{-jn\omega T_c} \tag{f.16}$$

　$f(t)$ の線スペクトル電力 $P_f(n\omega_p)$ は，式 (f.15) を式 (f.9) に代入して式 (f.17) のとおりになる。

$$P_f(n\omega_p) = \frac{1}{T_p^2} A(e^{jn\omega_p T_c}) A^*(e^{jn\omega_p T_c}) G(n\omega_p) G^*(n\omega_p) \tag{f.17}$$

　変調データ系列の自己相関関数を，$R_a(k)$ とすれば式 (f.5) より式 (f.18) が成り立つ。

$$A(e^{jn\omega_p T_c}) A^*(e^{jn\omega_p T_c}) = N \sum_{k=0}^{N-1} R_a(k) e^{-jkn\omega_p T_c} \tag{f.18}$$

したがって，$P_f(n\omega_p)$ は式 (f.19) のように書くことができる。

$$P_f(n\omega_p) = \frac{N}{T_p^2} G(n\omega_p) G^*(n\omega_p) \sum_{k=0}^{N-1} R_a(k) e^{-jkn\omega_p T_c} \tag{f.19}$$

　$f(t)$ の自己相関関数 $R_f(\tau)$ は式 (f.10) で与えられるが，ここではこれを書き換えることとし，式 (f.19) を式 (f.10) に代入して式 (f.20) を得る。

$$R_f(\tau) = \frac{N}{T_p^2} \sum_{k=0}^{N-1} R_a(k) \sum_{n=-\infty}^{\infty} G(n\omega_p) G^*(n\omega_p) e^{jn\omega_p(\tau - kT_c)} \tag{f.20}$$

これを変形すれば式 (f.21) を得る。

$$R_f(\tau) = \frac{1}{T_c} \sum_{n=-\infty}^{\infty} \sum_{k=0}^{N-1} R_a(k) v(\tau - kT_c - nT_p) \tag{f.21}$$

ただし，$v(t)$ は式 (f.22) で与えられる。

$$v(\tau) = g(\tau) * g(-\tau) = \int_{-\infty}^{\infty} g(t + \tau) g(t) \, dt \tag{f.22}$$

なお，$f(t)$ の電力スペクトル密度は式 (f.12) により求められる。

G. 多重波伝搬

　無線通信におけるフェージングは，送信信号が，反射，回折，屈折などにより，複数の経路を経て受信アンテナに到達することにより生じる。これを多重波伝搬（マルチパス）という。
　ここでは，フェージングの時間的変化が，符号速度と比較して十分緩やかな場合について，多重波伝搬のモデルを示す。

G.1　固定通信の場合
　各経路の信号は，それぞれが異なる振幅，遅延時間および搬送波位相をもつから，それらの干渉により，総合の受信信号には減衰および信号ひずみが生じる。
　送信信号を
$$f_T(t) = f_I(t)\cos\omega_0 t + f_Q(t)\sin\omega_0 t \qquad (\text{g}.1)$$
とすれば，受信信号 $f_R(t)$ は式 (g.2) で表される。
$$\left.\begin{array}{l} f_R(t) = \sum_{n=1}^{N} k_n f_{R,n}(t) \\ f_{R,n}(t) = f_I(t-T_n)\cos(\omega_0 t + \theta_n) + f_Q(t-T_n)\sin(\omega_0 t + \theta_n) \end{array}\right\} \qquad (\text{g}.2)$$

　式 (g.2) において k_n，T_n および θ_n はそれぞれ n 番目の経路を経て受信アンテナに到達した信号の振幅，遅延時間および搬送波位相である。k_n および T_n の確率分布は，伝搬モデルによって異なる。θ_n は普通は $(0, 2\pi)$ において一様分布する確率変数である。
　ここで，$n=1$ の信号が基準となる場合には，$k_1=1$，$T_1=0$ および $\theta_1=0$ として

$$\left.\begin{array}{l} f_R(t) = f_{R,1}(t) + \sum_{n=2}^{N} k_n f_{R,n}(t) \\ f_{R,1}(t) = f_I(t)\cos\omega_0 t + f_Q(t)\sin\omega_0 t \\ f_{R,n}(t) = f_I(t-T_n)\cos(\omega_0 t + \theta_n) + f_Q(t-T_n)\sin(\omega_0 t + \theta_n) \\ (n = 2, 3, \cdots, N) \end{array}\right\} \qquad (\text{g}.3)$$

を得る。この $f_{R,1}(t)$ を**直接波**(line of sight signal, LOS signal) と呼ぶ。
　最も簡単な場合として，経路数が2の場合には
$$\left.\begin{array}{l} f_R(t) = f_{R,1}(t) + k_2 f_{R,2}(t) \\ f_{R,1}(t) = f_I(t)\cos\omega_0 t + f_Q(t)\sin\omega_0 t \\ f_{R,2}(t) = f_I(t-T_2)\cos(\omega_0 t + \theta_2) + f_Q(t-T_2)\sin(\omega_0 t + \theta_2) \end{array}\right\} \qquad (\text{g}.4)$$

となる。これを **2 波モデル** (2 ray model) と呼ぶ。

G.2　移動通信の場合

高速移動体の場合には，ドップラー効果によって，各経路の受信搬送周波数が，送信搬送周波数と異なる値をとる(これをドップラーシフトと呼ぶ)。したがって，式 (g.2) における $f_{R,n}(t)$ は式 (g.5) のとおりになる。ここで $\omega_{0,n}$ は n 番目の経路による受信信号の搬送波角周波数である。

$$f_{R,n}(t) = f_I(t - T_n)\cos(\omega_{0,n} t + \theta_n) + f_Q(t - T_n)\sin(\omega_{0,n} t + \theta_n) \quad \text{(g.5)}$$

H．QPSK における干渉

無線ディジタル通信において生じる各種干渉の例として QPSK のチャネル内およびチャネル間干渉を解析する。

QPSK の方式モデルを図 **h.1** に示す。これは信号パスおよび干渉パスにそれぞれ周波数特性がある場合を示している。信号パス伝達関数を $H(\omega)$，干渉パスの伝達関数を $H_I(\omega)$ とする。

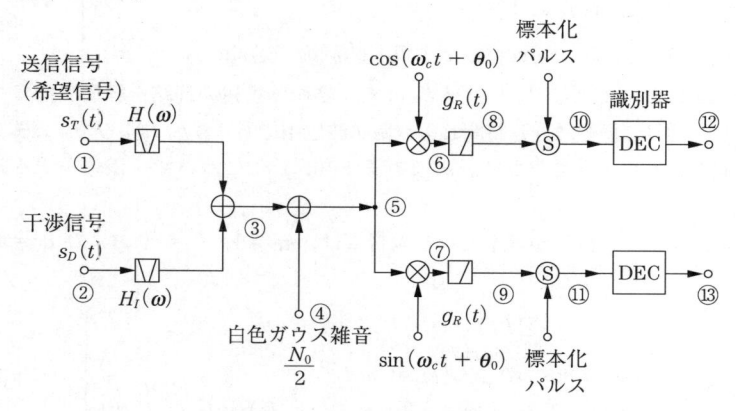

図 h.1　QPSK 方式モデル

H.1　チャネル内干渉

〔1〕　**①における信号**　　図 h.1 ① における送信信号 $s_T(t)$ として次式を仮定する。

$$s_T(t) = s_{TI}(t)\cos \omega_c t + s_{TQ}(t)\sin \omega_c t \tag{h.1}$$

H. QPSKにおける干渉   179

$$s_{TI}(t) = A \sum_{i=-\infty}^{\infty} a_i g_T(t - iT_r), \quad s_{TQ}(t) = A \sum_{i=-\infty}^{\infty} b_i g_T(t - iT_r) \quad \text{(h.2)}$$

ここで,a_iおよびb_iは±1をとる変調データである。

〔2〕 **信号パスの伝達関数** 伝送路は線形とし,伝達関数$H(\omega)$を式(h.3)で表す。

$$H(\omega) = H_B(\omega - \omega_c)e^{j\phi_0} + H_B^*(-\omega - \omega_c)e^{-j\phi_0} \quad \text{(h.3)}$$

ただし,ϕ_0はω_cにおける位相回転であり,$H_B(0)$は実数である。

等価低域伝達関数$H_B(\omega)$の実部$X(\omega)$の偶部を$X_E(\omega)$,奇部を$X_O(\omega)$とする。また虚部$Y(\omega)$の偶部を$Y_E(\omega)$,奇部を$Y_O(\omega)$とする。これらによって式(h.4)に示す$H_S(\omega)$と$H_D(\omega)$をつくる。

$$H_S(\omega) = X_E(\omega) + jY_O(\omega), \quad H_D(\omega) = Y_E(\omega) - jX_O(\omega) \quad \text{(h.4)}$$

$H_S(\omega)$と$H_D(\omega)$のインパルス応答をそれぞれ$h_s(t)$および$h_D(t)$とする。これらはともに実数である。

〔3〕 **受信ベースバンド信号** ⑧および⑨における受信ベースバンド信号$s_{RI}(t)$および$s_{RQ}(t)$はそれぞれ式(h.5),(h.6)で与えられる。

⑧: $$s_{RI}(t) = \frac{A}{2} \sum_{i=-\infty}^{\infty} a_i \{g_s(t - iT_r)\cos\Delta\theta - g_D(t - iT_r)\sin\Delta\theta\}$$
$$+ \frac{A}{2} \sum_{i=-\infty}^{\infty} b_i \{g_s(t - iT_r)\sin\Delta\theta + g_D(t - iT_r)\cos\Delta\theta\} \quad \text{(h.5)}$$

⑨: $$s_{RQ}(t) = \frac{A}{2} \sum_{i=-\infty}^{\infty} b_i \{g_s(t - iT_r)\cos\Delta\theta - g_D(t - iT_r)\sin\Delta\theta\}$$
$$- \frac{A}{2} \sum_{i=-\infty}^{\infty} a_i \{g_s(t - iT_r)\sin\Delta\theta + g_D(t - iT_r)\cos\Delta\theta\} \quad \text{(h.6)}$$

ただし

$$g_s(t) = g_T(t) * h_s(t) * g_R(t), \quad g_D(t) = g_T(t) * h_D(t) * g_R(t) \quad \text{(h.7)}$$

$$\Delta\theta = \phi_0 - \theta_0 \quad \text{(h.8)}$$

である。$g_R(t)$は受信フィルタのインパルス応答,θ_0は受信側における基準搬送波の位相を示す。$\Delta\theta$は基準搬送波の位相誤差である。式(h.5)および(h.6)において,第1項は希望信号と符号間干渉を,第2項は相間干渉(同相成分と直交成分の間の干渉)を示している。

〔4〕 **標本化後の信号** 標本化時点を$t = nT_r + t_0$とする。⑩および⑪における受信標本値$x_{I,n}$および$x_{Q,n}$はそれぞれ式(h.9),(h.10)のとおりになる。

⑩: $$x_{I,n} = \frac{A}{2} a_n \{g_s(t_0)\cos\Delta\theta - g_D(t_0)\sin\Delta\theta\}$$
$$+ \frac{A}{2} \sum_{m \neq 0} a_{n-m} \{g_s(mT_r + t_0)\cos\Delta\theta - g_D(mT_r + t_0)\sin\Delta\theta\}$$

$$+\frac{A}{2}\sum_{m=-\infty}^{\infty}b_{n-m}\{g_s(mT_r+t_0)\sin\Delta\theta+g_D(mT_r+t_0)\cos\Delta\theta\} \quad (\text{h.9})$$

⑪：$x_{Q,n}=\dfrac{A}{2}b_n\{g_s(t_0)\cos\Delta\theta-g_D(t_0)\sin\Delta\theta\}$

$$+\frac{A}{2}\sum_{m\neq 0}b_{n-m}\{g_s(mT_r+t_0)\cos\Delta\theta-g_D(mT_r+t_0)\sin\Delta\theta\}$$

$$-\frac{A}{2}\sum_{m=-\infty}^{\infty}a_{n-m}\{g_s(mT_r+t_0)\sin\Delta\theta+g_D(mT_r+t_0)\cos\Delta\theta\} \quad (\text{h.10})$$

式 (h.9)，(h.10) において，第1項は希望信号を，第2項は符号間干渉を，第3項は相間干渉を示す．

〔5〕 **雑音電力**　⑧および⑨における雑音電力 $\sigma_N{}^2$ は式 (h.11) で与えられる．

$$\sigma_N{}^2=\frac{N_0}{8\pi}\int_{-\infty}^{\infty}|G_R(\omega)|^2d\omega \quad (\text{h.11})$$

〔6〕 **理想的な場合**　等価低域伝達関数 $H_B(\omega)$ が共役対称ならば $g_D(t)$ は消失する．また，基準搬送波の位相誤差がなければ，相関干渉は消失する．さらに $g_s(t)$ が T_r を周期とするゼロ交差波形であれば符号間干渉は消失する．

H.2 チャネル間干渉

〔1〕 **②における干渉信号**　図 h.1 ②における干渉信号は希望信号と同じ変調方式，符号速度をもっているが，搬送周波数は同一ではなく，搬送波位相およびクロック位相は希望信号とは非同期だと仮定する．これを次式で表す．

$$s_D(t)=s_{DI}(t)\cos\{(\omega_c+\omega_d)t+\theta_D\}+s_{DQ}(t)\sin\{(\omega_c+\omega_d)t+\theta_D\} \quad (\text{h.12})$$

$$\left.\begin{array}{l}s_{DI}(t)=D\sum_{n=-\infty}^{\infty}c_n g_T(t-nT_r+T_D)\\ s_{DQ}(t)=D\sum_{n=-\infty}^{\infty}d_n g_T(t-nT_r+T_D)\end{array}\right\} \quad (\text{h.13})$$

ここで，ω_d は希望信号と干渉信号の間のチャネル間隔（中心-中心）を示す．変調データ c_n および d_n は等確率で ± 1 をとる独立な確率変数とする．また，θ_D は $(0, 2\pi)$ において一様分布する独立な確率変数，T_D は $(0, T_r)$ において一様分布する独立な確率変数とする．

〔2〕 **電力スペクトル密度**　自己相関関数を計算すると $s_D(t)$ は WSS であることがわかる．その電力スペクトル密度 $W_D(\omega)$ は式 (h.14) のとおりになる．

$$W_D(\omega)=\frac{D^2}{2T_r}|G_T(\omega-\omega_d-\omega_c)|^2+\frac{D^2}{2T_r}|G_T(\omega+\omega_d+\omega_c)|^2 \quad (\text{h.14})$$

⑧および⑨における干渉信号の電力スペクトル密度 $W_{\text{DRB}}(\omega)$ を計算すると式

(h.15) のとおりになる。

$$W_{\text{DRB}}(\omega) = \frac{D^2}{8T_r}|G_T(\omega - \omega_d)H_I(\omega + \omega_c)G_R(\omega)|^2$$
$$+ \frac{D^2}{8T_r}|G_T(\omega + \omega_d)H_I(\omega - \omega_c)G_R(\omega)|^2 \tag{h.15}$$

〔3〕**電　　　力**　⑧，⑨，⑩および⑪における干渉信号の電力 P_{DRB} を計算すると式 (h.16) のとおりになる。

$$P_{\text{DRB}} = \frac{D^2}{8\pi T_r}\int_{-\infty}^{\infty}|G_T(\omega - \omega_d)H_I(\omega + \omega_c)G_R(\omega)|^2 d\omega \tag{h.16}$$

〔4〕**信号対干渉比**　希望信号の伝送が理想的な場合には，⑩および⑪における標本化後の信号対干渉比 ρ_D は式 (h.17) で与えられる。

$$\rho_D = \frac{A^2 g_s{}^2(t_0)}{4\,P_{\text{DRB}}} \tag{h.17}$$

I.　一般的な多値方式における最適受信器

　ここでは一般的な多値方式として，任意の M 種類の信号波形を用いるディジタル通信方式を検討する。受信器には信号と白色ガウス雑音が印加されるものとして，最適受信器すなわち符号誤り率を最小にする受信器に要求される動作条件を述べる。

I.1　前提と結論
〔1〕**前　　　提**　送信側には情報源と送信器がある。情報源は M 種類のデータ $a_1, a_2, \cdots, a_M$ のうちの一つをランダムに出力する。a_m の発生確率を $P(a_m)$ とする。送信器は，この a_m を信号(実数波形) $s_m(t)$ に変換して送信する。受信側では，この信号と電力スペクトル密度が $N_0/2$ の白色ガウス雑音の和が受信器に印加される。受信器は，この受信波形（未知の信号と雑音の和）から，送信データを判定する。

　ここでの課題は，判定における誤り確率が最も小さい受信判定法を実現することである。

〔2〕**結　　　論**　一般的な最適受信器は **MAP 受信器**である。また，送信データの発生が等確率の場合の最適受信器は **ML 受信器**である。受信波形（未知の信号と雑音の和）を $r(t)$ とする。両者における判定ルールはつぎのとおりである。

　（a）**MAP 受信器における判定ルール**　すべての m について式 (i.1) に示す判定変数 λ_m を計算し，そのうちの最大のものを採用する。すなわち，最大の λ_m を与える m に対するデータ a_m が送信されたと判定する。

$$\lambda_m = \ln P(a_m) + \frac{2}{N_0}\int_{-\infty}^{\infty} r(t)s_m(t)\,dt - \frac{1}{N_0}\int_{-\infty}^{\infty} s_m^{\,2}(t)\,dt \tag{i.1}$$

ここで，ln は自然対数の記号である．

（b） ML 受信器における判定ルール　　これは，送信データの発生が等確率の場合，すなわち $P(a_m) = 1/M$ の場合である．すべての m について式 (i.2) に示す判定変数 λ_m を計算し，そのうちの最大のものを採用する．すなわち，最大の λ_m を与える m に対するデータ a_m が送信されたと判定する．

$$\lambda_m = \int_{-\infty}^{\infty} r(t)s_m(t)\,dt - \frac{1}{2}\int_{-\infty}^{\infty} s_m^{\,2}(t)\,dt \tag{i.2}$$

I.2　証　　　明

〔1〕 信号空間，基底関数およびベクトル表示　　信号 $s_1(t)$, $s_2(t)$, …, $s_M(t)$ のすべての線形結合の集合を信号空間と呼ぶ（これはいわゆる $s_1(t)$, $s_2(t)$, …, $s_M(t)$ が張る信号空間である）．信号空間には，つぎの条件（1），（2）を満たす基底関数 $\phi_1(t)$, $\phi_2(t)$, …, $\phi_N(t)$ が存在することが証明できる（Gram-Schmidt の直交化法を用いればよい）．

（1）　基底関数は式 (i.3) の正規直交条件を満たす．

$$\left.\begin{array}{l}\displaystyle\int_{-\infty}^{\infty} \phi_n^{\,2}(t)\,dt = 1 \quad (n = 1,\ 2,\ \cdots,\ N) \\ \displaystyle\int_{-\infty}^{\infty} \phi_n(t)\phi_m(t)\,dt = 0 \quad (n \neq m)\end{array}\right\} \tag{i.3}$$

（2）　信号空間に属する任意の関数 $x(t)$ はこの基底関数によって式 (i.4) のとおりに展開できる．

$$x(t) = \sum_{n=1}^{N} x_n \phi_n(t) \tag{i.4}$$

ただし，展開係数 x_n は式 (i.5) で与えられる．

$$x_n = \int_{-\infty}^{\infty} x(t)\phi_n(t)\,dt \tag{i.5}$$

この結果，信号空間に属する任意の関数 $x(t)$ はその係数 x_1, x_2, …, x_N によって完全に表現できる．したがって，式 (i.6) に示すベクトル表示が得られる．

$$\boldsymbol{x} = (x_1,\ x_2,\ \cdots,\ x_N) \tag{i.6}$$

$x(t)$ のエネルギー E_x は式 (i.7) のとおりになる．

$$E_x = \int_{-\infty}^{\infty} x^2(t)\,dt = \sum_{n=1}^{N} x_n^{\,2} = |\boldsymbol{x}|^2 \tag{i.7}$$

信号空間に属する任意の二つの関数 $x(t)$ と $y(t)$ の積の積分は，両者のベクトルの内積に等しい．これを式 (i.8) に示す．

I. 一般的な多値方式における最適受信器

$$\int_{-\infty}^{\infty} x(t)y(t)\,dt = \sum_{n=1}^{N} x_n y_n = \boldsymbol{x}\cdot\boldsymbol{y} \tag{i.8}$$

〔2〕 **信号の展開とベクトル表示**　信号 $s_1(t)$, $s_2(t)$, $\cdots$, $s_M(t)$ の基底関数による展開は式 (i.9) のとおりである。

$$s_m(t) = \sum_{n=1}^{N} s_{mn}\phi_n(t) \qquad (m=1,\,2,\,\cdots,\,M) \tag{i.9}$$

展開係数 s_{mn} は式 (i.10) で与えられる。

$$s_{mn} = \int_{-\infty}^{\infty} s_m(t)\phi_n(t)\,dt \tag{i.10}$$

$s_m(t)$ のベクトル表示は式 (i.11) のとおりになる。

$$\boldsymbol{s}_m = (s_{m1},\ s_{m2},\ \cdots,\ s_{mN}) \tag{i.11}$$

［例 1］ 図 i.1 (a) に信号 $s_1(t)$, $s_2(t)$, $s_3(t)$, $s_4(t)$ を示す。これに対する基底関数 $\phi_1(t)$, $\phi_2(t)$ を図 (b) のとおりとする。ベクトル表示は式 (i.12) のとおりになる。

$$\boldsymbol{s}_1 = (1,\ 1), \quad \boldsymbol{s}_2 = (1,\ -1), \quad \boldsymbol{s}_3 = (-1,\ 1), \quad \boldsymbol{s}_4 = (-1,\ -1) \tag{i.12}$$

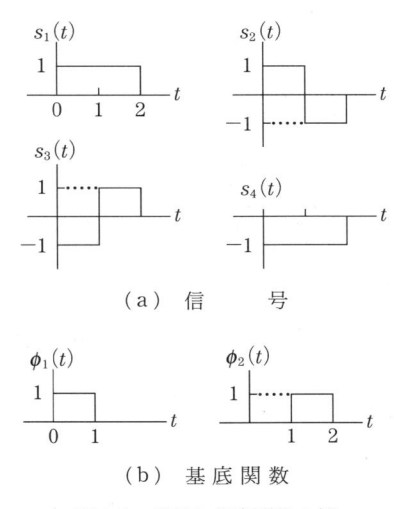

（a） 信　　号

（b） 基 底 関 数

図 i.1　信号と基底関数の例

［例 2］ 周波数 $1/(2T_s)$ に帯域制限された信号は，標本化定理により式 (i.13) で表すことができる。ここでは標本値 $s_m((n-1)T_s)$ は $n=1,\,2,\,\cdots,\,N$ に対してのみ値をもつものとする。

$$\left.\begin{array}{l}s_m(t) = \sum_{n=1}^{N} s_m((n-1)T_s)\,\mathrm{sinc}\,\dfrac{t-(n-1)T_s}{T_s}\\ (m=1,\,2,\,\cdots,\,M)\end{array}\right\} \quad (\mathrm{i}.13)$$

ここで

$$\phi_n(t) = \frac{1}{\sqrt{T_s}}\,\mathrm{sinc}\,\frac{t-(n-1)T_s}{T_s} \quad (\mathrm{i}.14)$$

$$s_{mn} = \sqrt{T_s}\,s_m((n-1)T_s) \quad (\mathrm{i}.15)$$

とおけば，$\phi_n(t)$ は式 (i.3) の正規直交条件を満足し，式 (i.13) は式 (i.9) と一致する。

〔3〕 **ガウス雑音の展開，ベクトル表示および確率密度関数**

（**a**） **ガウス雑音の展開とベクトル表示** 電力スペクトル密度が $N_0/2$ の白色ガウス雑音を $z(t)$ とする。この信号空間に属する部分を $z_S(t)$，属さない部分を $z_D(t)$ とすると，$z(t)$ は式 (i.16) のように表される。

$$z(t) = z_S(t) + z_D(t) \quad (\mathrm{i}.16)$$

$z_S(t)$ は基底関数で展開でき，式 (i.17) で表される。

$$\left.\begin{array}{l}z_S(t) = \sum_{n=1}^{N} z_n \phi_n(t)\\ z_n = \displaystyle\int_{-\infty}^{\infty} z_S(t)\phi_n(t)\,dt = \int_{-\infty}^{\infty} z(t)\phi_n(t)\,dt\end{array}\right\} \quad (\mathrm{i}.17)$$

式 (i.17) のベクトル表示は式 (i.18) のとおりになる。

$$\boldsymbol{z}_S = (z_1,\,z_2,\,\cdots,\,z_N) \quad (\mathrm{i}.18)$$

$z_D(t)$ は信号空間における成分をもたないから，式 (i.19) が成り立つ。

$$\int_{-\infty}^{\infty} z_D(t)\phi_n(t)\,dt = 0 \quad (n=1,\,2,\,\cdots,\,N) \quad (\mathrm{i}.19)$$

（**b**） **ガウス雑音の確率密度関数** ここでは $\boldsymbol{z}_S$ の確率密度関数 $p_{\boldsymbol{z}_S}(\boldsymbol{z}_S)$ を計算する。白色ガウス雑音 $z(t)$ の自己相関関数 $R_z(\tau)$ は式 (i.20) で与えられる（2章参照）。

$$R_z(\tau) = \frac{N_0}{2}\,\delta(\tau) \quad (\mathrm{i}.20)$$

ここで，$z_n z_m$ の集合平均 $E[z_n z_m]$ を計算すると式 (i.21) を得る。

$$\left.\begin{array}{l}E[z_n z_m] = E\Big[\displaystyle\int_{-\infty}^{\infty}\int_{-\infty}^{\infty} z(x)\phi_n(x)z(y)\phi_m(y)\,dxdy\Big]\\ \qquad = \dfrac{N_0}{2} \quad (n=m)\\ \qquad = 0 \quad (n \neq m)\end{array}\right\} \quad (\mathrm{i}.21)$$

たがいに無相関なガウス変数はたがいに独立である（付録 C 参照）。したがって，z_n は独立で，平均値 0，分散 $N_0/2$ のガウス確率変数である。また，その確率密度関

I. 一般的な多値方式における最適受信器

数 $p_{zn}(z_n)$ は式 (i.22) のとおりになる。

$$p_{zn}(z_n) = \frac{1}{\sqrt{\pi N_0}} e^{-\frac{z_n^2}{N_0}} \tag{i.22}$$

z_S の N 次元確率密度関数 $p_{zS}(z_S)$ はすべての $p_{zn}(z_n)$ の積であり

$$\left.\begin{aligned} p_{zS}(\boldsymbol{z}_S) &= \frac{1}{(\pi N_0)^{N/2}} e^{-\frac{z_1^2+z_2^2+\cdots+z_N^2}{N_0}} \\ &= \frac{1}{(\pi N_0)^{N/2}} e^{-\frac{|\boldsymbol{z}_S|^2}{N_0}} \end{aligned}\right\} \tag{i.23}$$

となる。

〔**4**〕 **受信波形の展開とベクトル表示**　受信波形 $r(t)$ は未知の信号と白色ガウス雑音の和である。これも信号空間に属する部分 $r_S(t)$ と属さない部分 $r_D(t)$ からなる。

$$r(t) = r_S(t) + r_D(t) \tag{i.24}$$

$r_S(t)$ は基底関数で展開でき，式 (i.25) で表される。

$$\left.\begin{aligned} r_S(t) &= \sum_{n=1}^{N} r_n \phi_n(t) \\ r_n &= \int_{-\infty}^{\infty} r_S(t)\phi_n(t)\,dt = \int_{-\infty}^{\infty} r(t)\phi_n(t)\,dt \end{aligned}\right\} \tag{i.25}$$

式 (i.25) のベクトル表示は式 (i.26) のとおりになる。

$$\boldsymbol{r}_S = (r_1,\ r_2,\ \cdots,\ r_N) \tag{i.26}$$

$r_D(t)$ は式 (i.27) を満たす。

$$\int_{-\infty}^{\infty} r_D(t)\phi_n(t)\,dt = 0 \quad (n = 1,\ 2,\ \cdots,\ N) \tag{i.27}$$

〔**5**〕 **最適受信器における判定ルール**　受信器は，受信波形の信号空間成分 $\boldsymbol{r}_S$ を用いて，送信データが $a_1, a_2, \cdots\cdots, a_M$ のうちのどれであるかを判定する。この判定における誤り確率が最も小さい受信器が最適受信器である。

（**a**）　**MAP 受信器における判定ルール**　$\boldsymbol{r}_S$ が与えられたとき，これに対する送信データが a_m である条件付き確率密度を $p(a_m|\boldsymbol{r}_S)$ とする。これはいわゆる**事後確率**(a posteriori probability)である。

符号誤り率を最小にする判定とは，この $p(a_m|\boldsymbol{r}_S)$ を最大にする m を選ぶことにほかならない。

このように事後確率を最大にする受信器を **MAP 受信器**（最大事後確率受信器，maximum a posteriori probability receiver）と呼ぶ。

$\boldsymbol{r}_S$ の発生確率密度を $p_{rS}(\boldsymbol{r}_S)$，送信データが a_m のときに $\boldsymbol{r}_S$ を得る条件付き確率密度を $p_{rS}(\boldsymbol{r}_S|a_m)$ とすれば式 (i.28) が成り立つ(確率論におけるベイズの公式)。

$$p(a_m|\boldsymbol{r}_S) = \frac{P(a_m)\,p_{rS}(\boldsymbol{r}_S|a_m)}{p_{rS}(\boldsymbol{r}_S)} \tag{i.28}$$

ただし，$P(a_m)$ は送信データ a_m の発生確率である。

ここで $p_{rs}(r_s)$ は m に無関係であるから，判定変数としては $p(a_m|r_s)$ のかわりに $P(a_m)p_{rs}(r_s|a_m)$ を用いることができる。したがって，符号誤り率を最小にする判定とは $P(a_m)p_{rs}(r_s|a_m)$ を最大にする判定である。

ここで
$$r_s = s_m + z_s \tag{i.29}$$
すなわち
$$z_s = r_s - s_m \tag{i.30}$$
であり，z_s の確率密度は式 (i.23) で与えられるから，$p_{rs}(r_s|a_m)$ は $p_{zs}(z_s)$ の z_s に r_s-s_m を代入したものに等しい。したがって式 (i.31) を得る。
$$p_{rs}(r_s|a_m) = p_{zs}(r_s - s_m) = \frac{1}{(\pi N_0)^{N/2}} e^{-\frac{|r_s-s_m|^2}{N_0}} \tag{i.31}$$

式 (i.31) より式 (i.32) を得る。
$$P(a_m)p_{rs}(r_s|a_m) = \frac{P(a_m) e^{-|r_s-s_m|^2/N_0}}{(\pi N_0)^{N/2}} \tag{i.32}$$

この分子の自然対数をとったものを判定変数 λ_m とすれば
$$\lambda_m = \ln P(a_m) - \frac{|r_s-s_m|^2}{N_0} \tag{i.33}$$
となる。

ここで $|r_s-s_m|^2$ は r_s と s_m の距離の 2 乗であるから，式 (i.34) で表される。
$$|r_s-s_m|^2 = \int_{-\infty}^{\infty} \{r_s(t)-s_m(t)\}^2 dt \tag{i.34}$$
したがって，式 (i.33) は
$$\lambda_m = \ln P(a_m) - \frac{1}{N_0}\int_{-\infty}^{\infty} r_s^2(t)\,dt + \frac{2}{N_0}\int_{-\infty}^{\infty} r_s(t)s_m(t)\,dt - \frac{1}{N_0}\int_{-\infty}^{\infty} s_m^2(t)\,dt \tag{i.35}$$
となる。ここで右辺第 2 項は m に無関係なので省略する。また
$$\int_{-\infty}^{\infty} r_s(t)s_m(t)\,dt = \int_{-\infty}^{\infty} r(t)s_m(t)\,dt \tag{i.36}$$
である。

以上の結果，MAP 受信器の判定変数として最初に示した式 (i.1) の λ_m を得る。これを最大にする判定を行うことにより，符号誤り率最小の受信ができる。

(b) ML 受信器における判定ルール　送信データの発生が等確率，すなわち $P(a_m)$ が m にかかわらず一定の場合には，式 (i.1) において $\ln P(a_m)$ が省略できる。さらに係数 $1/N_0$ を省略し，全体を 2 で割れば，式 (i.2) の判定変数 λ_m を得る。

この場合の判定は，もとの式に戻って考えれば，$p_{rs}(r_s|a_m)$ を最大にする判定で

I. 一般的な多値方式における最適受信器

ある。$p_{rS}(\boldsymbol{r}_S|a_m)$ は確率論における**尤度** (likelihood) である。これを最大にする受信器を **ML 受信器**（**最尤受信器**，maximum-likelihood receiver）と呼ぶ。

なお，ML 受信器の場合には式 (i.33) の第2項をそのまま用いる判定も可能である。この場合には，式 (i.37) に示す判定変数 μ_m を最小にする判定，すなわち信号距離を最小にする判定を行えばよい（**距離判定の原理**）。

$$\mu_m = |\boldsymbol{r}_S - \boldsymbol{s}_m|^2 = \int_{-\infty}^{\infty}\{r_S(t) - s_m(t)\}^2 dt \tag{i.37}$$

I.3 ML 受信器の構成と動作

〔1〕 **ML 受信器の構成**　　式 (i.2) を書き直して次式を得る。ただし，E_m は信号 $s_m(t)$ のエネルギーである。

$$\lambda_m = \int_{-\infty}^{\infty} r(t) s_m(t) dt - \frac{1}{2} E_m \tag{i.38}$$

$$E_m = \int_{-\infty}^{\infty} s_m^2(t) dt \tag{i.39}$$

この判定を実施する受信器の構成は**図 i.2** のとおりになる。

つぎに，式 (i.37) の μ_m 判定の場合の受信器の構成を**図 i.3** に示す。

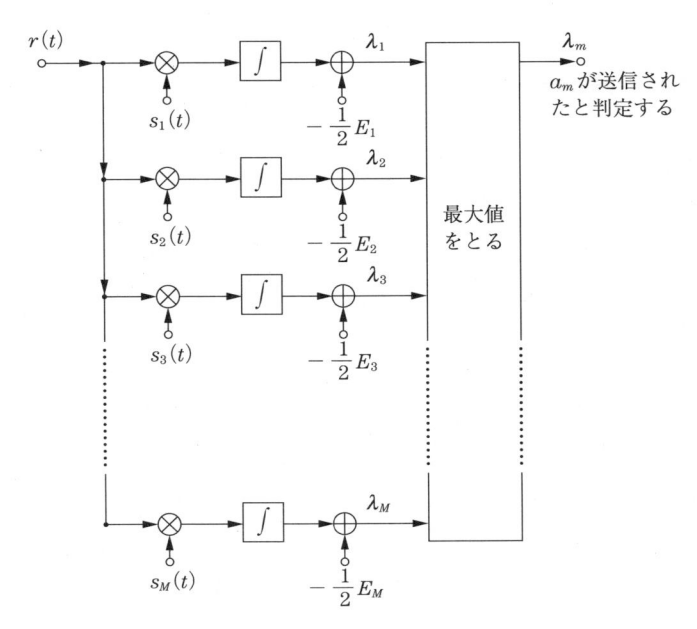

図 i.2　ML 受信器の構成（λ_m 判定）

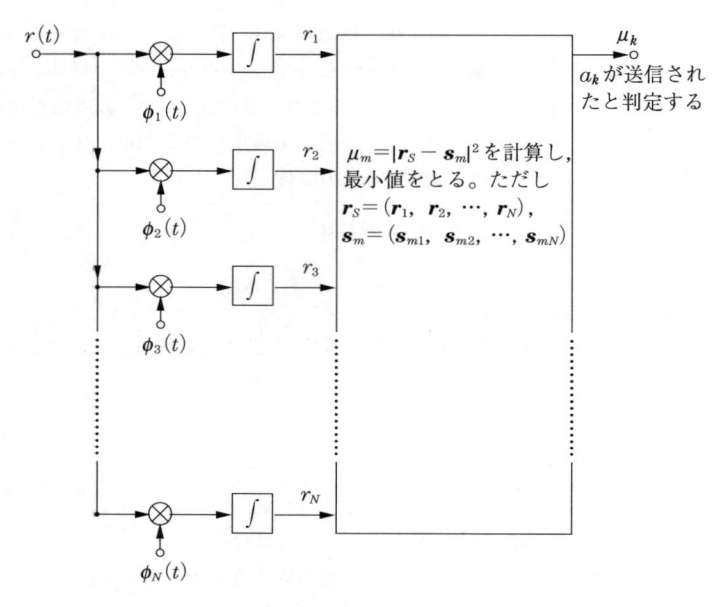

図 i.3 ML 受信器の構成（μ_m 判定）

[2] **ML 受信器の例**

[**例 3**] 式 (i.40) に示す二つの信号 $s_1(t)$ と $s_2(t)$ を仮定する。
$$s_1(t) = g(t), \quad s_2(t) = -g(t) \tag{i.40}$$

λ_m 判定の場合 二つの信号のエネルギーは等しいから，式 (i.2) の右辺第 2 項は省略でき，λ_1 および λ_2 は式 (i.41) のとおりになる。
$$\lambda_1 = \int_{-\infty}^{\infty} r(t)g(t)\,dt, \quad \lambda_2 = -\int_{-\infty}^{\infty} r(t)g(t)\,dt = -\lambda_1 \tag{i.41}$$

ML 受信器の判定ルールにより $\lambda_1 > \lambda_2$ であれば送信データは a_1，また $\lambda_2 > \lambda_1$ であれば送信データは a_2 と判定する。

ここで，$\lambda_1 > \lambda_2$ は $\lambda_1 > 0$ と同じであり，$\lambda_2 > \lambda_1$ は $\lambda_1 < 0$ と同じである。したがって，この判定は，受信波形 $r(t)$ を，まず局部信号波形 $g(t)$ の相関受信器により受信し，つぎにその出力をしきい値 0 の識別器で識別することと同じになる。これを**図 i.4 (a)** に示す。図 (b) は，これを整合フィルタと識別器により構成したものである。

μ_m 判定の場合 つぎに μ_m 判定の場合を示す。信号空間における基底関数を
$$\phi(t) = \frac{g(t)}{\sqrt{E_g}} \tag{i.42}$$

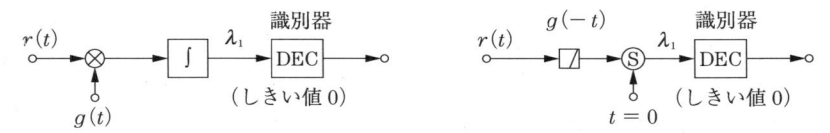

I. 一般的な多値方式における最適受信器

(a) 相関受信器と識別器による構成　　(b) 整合フィルタと識別器による構成

図 i.4　[例 3] における最適受信器

とする。ただし，E_g は $g(t)$ のエネルギーである。これより

$$s_1(t) = \sqrt{E_g}\,\phi(t), \quad s_2(t) = -\sqrt{E_g}\,\phi(t) \tag{i.43}$$

を得る。したがって，信号空間（一次元）における信号点は

$$s_1 = \sqrt{E_g}, \quad s_2 = -\sqrt{E_g} \tag{i.44}$$

となる。また，信号距離 d は式 (i.45) で与えられる。

$$d = 2\sqrt{E_g} \tag{i.45}$$

μ_m を最小とする判定は，受信波形の信号空間成分 r_s とこの二つの信号点 s_1 および s_2 との間の距離が小さいほうを選ぶことであり，やはり，しきい値を 0 とするしきい値判定に帰着する。

つぎに，この信号空間においてビット誤り率を計算する。先に述べたように，ガウス雑音の信号空間成分 z_1 の分散(電力)は $N_0/2$ である。

信号点 s_1 を送信した場合には，送信信号(振幅 $\sqrt{E_g}$)とガウス雑音の振幅 z_1 の和がしきい値 0 を横切る確率がビット誤り率を与えることになる(信号点 s_2 の場合も同様である)。したがって，ビット誤り率 P_e は式 (i.46) で与えられる。

$$P_e = Q\left(\sqrt{\frac{2E_g}{N_0}}\right) \tag{i.46}$$

これは，当然ながら，整合フィルタ受信・しきい値識別の場合の計算と一致する。式 (i.46) を信号距離 d により表現すれば式 (i.47) のとおりになる。

$$P_e = Q\left(\frac{d}{\sqrt{2N_0}}\right) \tag{i.47}$$

式 (i.47) は一次元信号空間のみならず，一般の多次元信号空間においても，二つの信号点のみが存在する場合には，つねに成り立つ(座標変換により，一次元空間に帰着できる)。

[例 4]　式 (i.48) に示す信号を仮定する。$s_1(t)$ と $s_2(t)$ は等確率 1/2 で発生する。

$$s_1(t) = g(t), \quad s_2(t) = f(t) \tag{i.48}$$

$g(t)$ のエネルギーを E_g，$f(t)$ のエネルギーを E_f とする。

λ_m 判定とし図 i.2 の受信器を用いる。第 1 の相関受信器の局部信号には $g(t)$ を用い，その出力を r_g とする。第 2 の相関受信器の局部信号には $f(t)$ を用い，その出力を r_f とする。

判定変数 λ_m は式 (i.49) のとおりになる。

$$\lambda_1 = r_g - \frac{1}{2} E_g, \quad \lambda_2 = r_f - \frac{1}{2} E_f \tag{i.49}$$

ここで $\lambda_1 > \lambda_2$ を書き直せば

$$r_g - r_f > \frac{E_g - E_f}{2} \tag{i.50}$$

となり，$\lambda_2 > \lambda_1$ を書き直せば

$$r_g - r_f < \frac{E_g - E_f}{2} \tag{i.51}$$

となる。

この判定は，受信波形 $r(t)$ を，まず局部信号波形 $g(t) - f(t)$ の相関受信器により受信し，つぎにその出力値をしきい値が $(E_g - E_f)/2$ の識別器で識別することと同じである。したがって，**図 i.5** に示すように相関受信器と識別器によって，最適受信器が構成できる。

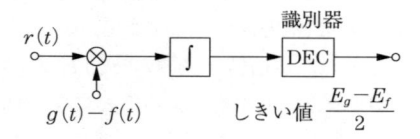

図 i.5　[例 4] における最適受信器

〔3〕 **符号誤り率の上限**　　信号 s_1, s_2, $\cdots$, s_M を用いる通信方式がある。信号 s_1 を送信した場合について述べれば，**符号誤り率の上限** (union bound) は式 (i.52) のとおりになる。

$$P_e^{(U)} = \sum_{i=2}^{M} Q\left(\frac{d_{1i}}{\sqrt{2 N_0}}\right) \tag{i.52}$$

ここで，d_{1i} は s_1 と s_i の間の距離であり式 (i.53) で与えられる。

$$d_{1i}^2 = \int_{-\infty}^{\infty} \{s_i(t) - s_1(t)\}^2 dt \tag{i.53}$$

参 考 文 献

〈ディジタル通信方式の文献〉
1) J.G. Proakis：Digital Communications, Third Edition, International Editions, McGraw-Hill, Inc.（1995）
2) S. Benedetto, E. Biglieri and V. Castellani：Digital Transmission Theory, Prentice-Hall（1987）
3) E.A. Lee and D.G. Messerschmitt：Digital Communication, Second Edition, Kluwer Academic Publishers（1994）

〈通信方式の比較的やさしい文献〉
4) B.P. Lathi：Modern Digital and Analog Communication Systems, Third Edition, Oxford University Press, Inc.（1998）
5) 宮内一洋：通信方式入門，初版12刷，コロナ社（2004）

〈確定的信号および確率過程の文献〉
6) A. Papoulis：Signal Analysis, International Edition, McGraw-Hill（1977）
7) A. Papoulis：Probability, Random Variables, and Stochastic Processes, Third Edition, International Editions, McGraw-Hill, Inc.（1991）

〈ブロック符号，畳込み符号および M 系列の文献〉
8) G.C. Clark, Jr. and J.B. Cain：Error-Correction Coding for Digital Communications, Plenum Publishing Corporation（1981）
9) S.W. Golomb：Shift Register Sequences, Revised Edition, Aegean Park Press, California（1981）
10) W.W. Peterson and E.J. Weldon, Jr：Error-Correcting Codes, Second Edition, The MIT Press, Cambridge, Massachusetts（1972）
11) M.C. Jeruchim, P. Balaban, and K.S. Shanmugan：Simulation of Communication Systems, Plenum Press, New York（1992）

〈拡散スペクトル通信方式の文献〉

12) A.J. Viterbi：CDMA, Principles of Spread Spectrum Communication, Addison-Wesley Publishing Company (1995)
13) G.R. Cooper and C.D. McGillem：Modern Communication and Spread Spectrum, International Editions, McGraw-Hill (1985)
14) R.C. Dixon：Spread Spectrum Systems, Third Edition, Wiley Intersience (1994)

〈OFDM 方式の文献〉

15) M.L. Doelz, E.T. Heald and D.L. Martin：binary data transmission techniques for linear systems, Proc. IRE, **45**, pp. 656〜661 (May 1957)
16) S.B. Weinstein and P.M. Ebert：data transmission by frequency-division multiplexing using the discrete Fourier transform, IEEE Trans. COM., **COM-19**, 5, pp. 628〜634, (Oct. 1971)
17) 溝口匡人ほか：特集論文1，5 GHz 帯イーサネット系無線 LAN システム－物理レイヤの構成，NTT-R & D, **48**, 8, pp. 594〜600 (1999. 8)

演習問題解答

【1章】

[問 1.1] パーシバルの公式を用いて計算すればつぎの結果を得る。
$$\int_{-\infty}^{\infty} \mathrm{sinc}\, x\, \mathrm{sinc}\,(t-x)\, dx = \frac{1}{2\pi}\int_{-\infty}^{\infty} \Pi\!\left(\frac{\omega}{2\pi}\right)\Pi\!\left(\frac{\omega}{2\pi}\right) e^{j\omega t} d\omega$$
$$= \frac{1}{2\pi}\int_{-\pi}^{\pi} e^{j\omega t} d\omega = \mathrm{sinc}\, t$$

[問 1.2] $c(t)$ の周波数スペクトルを $C(\omega)$ とする。畳込みの公式により次式が成り立つ。
$$C(\omega) = \frac{1}{2\pi}\int_{-\infty}^{\infty} A(x) B(\omega - x)\, dx$$
一方，前提により
$$A(x)B(\omega - x) = 0 \quad (|\omega| \geqq 2\omega_0)$$
であるから，$|\omega| \geqq 2\omega_0$ の範囲では $C(\omega)$ は 0 となる。ゆえに $c(t)$ は角周波数 $2\omega_0$ に帯域制限される。

[問 1.3] $a(T) h(t-T)$

[問 1.4] $\dfrac{1}{2} A(\omega - \omega_c) B(\omega - \omega_c) + \dfrac{1}{2} A(\omega + \omega_c) B^*(-\omega - \omega_c)$

[問 1.5] $x(n)$ は次式で与えられる。
$$x(n) = g(t_0 + nT)$$
$g(t_0 + t)$ の周波数スペクトルは $G(\omega) e^{j\omega t_0}$ である。したがって，1.3.2 項よりつぎの結果を得る。
$$X(e^{j\omega T}) = \frac{1}{T}\sum_{n=-\infty}^{\infty} G\!\left(\omega - \frac{2\pi n}{T}\right) e^{j\left(\omega - \frac{2\pi n}{T}\right)t_0}$$

[問 1.6] r が N の整数倍のとき $S_r = N$
r が N の整数倍でないとき $S_r = 0$

[問 1.7] $m = n$ のとき $u(n, m) = N$
$m \neq n$ のとき $u(n, m) = 0$

[問 1.9] $x(n) = g(t_0 + nT)$
とおけば，$x(n)$ の周波数スペクトル $X(e^{j\omega T})$ は次式で与えられる。

$$X(e^{j\omega T}) = \frac{1}{T}\sum_{n=-\infty}^{\infty} G\left(\omega - \frac{2\pi n}{T}\right)e^{j\left(\omega - \frac{2\pi n}{T}\right)t_0}$$

これに離散時間系におけるパーシバルの公式を適用すればつぎの結果を得る。

$$I = \frac{1}{2\pi T}\int_{-\frac{\pi}{T}}^{\frac{\pi}{T}}\left|\sum_{n=-\infty}^{\infty} G\left(\omega - \frac{2\pi n}{T}\right)e^{j\left(\omega - \frac{2\pi n}{T}\right)t_0}\right|^2 d\omega$$

[問 1.10] （1） $x_n = a_n * g_n$　（2） $y_n = a_n * g_n * h_n$　（3） $X(e^{j\omega T}) = A(e^{j\omega T})G(e^{j\omega T})$, $Y(e^{j\omega T}) = A(e^{j\omega T})G(e^{j\omega T})H(e^{j\omega T})$

[問 1.11] （1） 式 (1.66) より $G(e^{j\omega T})H(e^{j\omega T}) = B(e^{j\omega T})$ を得る。これを式 (1.68) と比較して $B(e^{j\omega T}) = b_0$ を得る。これより b_0 以外の b_n はすべて 0 であることがわかる。したがって，式 (1.67) の第 2 項および第 3 項は消失する。

（2） $h_n = (b_0/g_0)(-g_1/g_0)^n$

[問 1.12] D_k および P_k はつぎのとおりになる。

$$D_k = \sum_{n=0}^{N-1}(a_n + jb_n)W_N^{-nk}$$

$$P_k = \frac{1}{2}D_k + \frac{1}{2}D_k^* = \frac{1}{2}\sum_{n=0}^{N-1}(a_n + jb_n)W_N^{-nk} + \frac{1}{2}\sum_{n=0}^{N-1}(a_n - jb_n)W_N^{nk}$$

これより

$$p_m = \frac{1}{2N}\sum_{k=0}^{N-1}\sum_{n=0}^{N-1}(a_n + jb_n)W_N^{-nk}W_N^{mk}$$

$$- \frac{1}{2N}\sum_{k=0}^{N-1}\sum_{n=0}^{N-1}(a_n - jb_n)W_N^{nk}W_N^{mk}$$

$$= \frac{1}{2}\sum_{n=0}^{N-1}(a_n + jb_n)u(m, n) + \frac{1}{2}\sum_{n=0}^{N-1}(a_n - jb_n)v(m, n)$$

を得る。ただし

$$u(m, n) = \frac{1}{N}\sum_{k=0}^{N-1}W_N^{(m-n)k}, \quad v(m, n) = \frac{1}{N}\sum_{k=0}^{N-1}W_N^{(m+n)k}$$

である。ここで

$$\begin{aligned}u(m, n) &= 1 \quad (n = m)\\ &= 0 \quad (n \neq m)\end{aligned}\Bigg\}$$

$$\begin{aligned}v(m, n) &= 1 \quad (n + m = 0 \text{ あるいは } N)\\ &= 0 \quad (\text{その他})\end{aligned}\Bigg\}$$

であるから，けっきょく，つぎの結果を得る。

$p_0 = a_0$

$$p_n = \frac{1}{2}(a_n + jb_n) + \frac{1}{2}(a_{N-n} - jb_{N-n}) \qquad (1 \leqq n \leqq N-1)$$

[問 1.14] （ヒント） 周波数スペクトルを逆変換する。
[問 1.15] （ヒント） ポアソン和公式を用いる。
[問 1.17] （ヒント） 周波数領域において計算する。
[問 1.18] （ヒント） 第1式に対しては，左辺の $y = nT$ における標本値を用いて標本化定理を適用する。
[問 1.19] （ヒント） パーシバルの公式を用いる。
[問 1.20] （ヒント） 周波数領域において計算する。
[問 1.21] （ヒント） 周波数領域において計算する。

【2章】

[問 2.1] $E[a] = p \times (-1) + q \times 1 = q - p = 1 - 2p$
$E[a^2] = E[1] = 1$
$E[a^3] = p \times (-1)^3 + q \times 1^3 = q - p = 1 - 2p$

[問 2.2] （$E[a_n]$ の計算） $E[a_n] = \frac{1}{2} \times (-1) + \frac{1}{2} \times 1 = 0$

（$E[a_n a_m]$ の計算） $n = m$ のとき $E[a_n a_m] = E[a_n^2] = E[1] = 1$
$n \neq m$ のとき $E[a_n a_m] = E[a_n]E[a_m] = 0$

ゆえに $E[a_n a_m] = \delta_{n-m}$

[問 2.5] $R_x(t + \tau, t) = E[x(t+\tau)x(t)] = E[a^2]g(t+\tau)g(t)$
$= (1-p)g(t+\tau)g(t)$

[問 2.6] $R_y(t+\tau, t) = E[y(t+\tau)y(t)]$
$= E[\cos(\omega_0 t + \omega_0 \tau + \theta)\cos(\omega_0 t + \theta)]$
$= \frac{1}{2}\cos(\omega_0 \tau) + \frac{1}{2}E[\cos(2\omega_0 t + \omega_0 \tau + 2\theta)] = \frac{1}{2}\cos(\omega_0 \tau)$

（注） $E[\cos(2\omega_0 t + \omega_0 \tau + 2\theta)] = \int_0^{2\pi} \underset{\underset{\theta\text{ の確率密度関数}}{\uparrow}}{\frac{1}{2\pi}} \cos(2\omega_0 t + \omega_0 \tau + 2\theta)\,d\theta = 0$

[問 2.7] 電力スペクトル密度 $W(\omega)$ は**解図 2.1** のとおりである。
$R(\tau)$ は $W(\omega)$ の逆フーリエ変換である。これを計算すればつぎの結果を得る。
$R(\tau) = N_0 B \,\mathrm{sinc}\,(2B\tau)$

解図 2.1

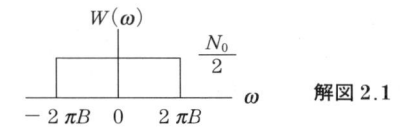

[問 2.8] 周期関数の必要十分条件は任意の t について $f(t+T) = f(t)$ が成り立つことである。$f(t+T)$ はつぎのとおりである。
$$f(t+T) = \sum_{n=-\infty}^{\infty} g(t+T+\tau-nT)g(t+T-nT)$$
ここで $m = n-1$ とおくと
$$f(t+T) = \sum_{m=-\infty}^{\infty} g(t+\tau-mT)g(t-mT) = f(t)$$
となる。したがって $f(t)$ は t の周期関数である。

[問 2.10] $P_b = E[\{a(t)+a(t-T)\}^2] = E[a^2(t)] + 2E[a(t)a(t-T)]$
$\qquad + E[a^2(t-T)]$
$\qquad = 2R_a(0) + 2R_a(T)$

[問 2.11] $y(n)$ は次式で与えられる。
$y(n) = x(t_0 + nT)$
$y(n)$ の自己相関関数はつぎのとおりになる。
$R_y(k) = E[y(n+k)y(n)]$
$\qquad = E[x(t_0+nT+kT)x(t_0+nT)] = R_x(kT)$
$W_y(e^{j\omega T})$ は $R_x(kT)$ のフーリエ変換であり次式で与えられる。
$$W_y(e^{j\omega T}) = \sum_{k=-\infty}^{\infty} R_x(kT) e^{-jk\omega T}$$
ポアソン和公式により次式が得られる。
$$T\sum_{k=-\infty}^{\infty} e^{-jkT\omega} R_x(kT) = \sum_{n=-\infty}^{\infty} W_x\left(\omega - \frac{2\pi n}{T}\right)$$
したがって，つぎの結果を得る。
$$W_y(e^{j\omega T}) = \frac{1}{T}\sum_{n=-\infty}^{\infty} W_x\left(\omega - \frac{2\pi n}{T}\right)$$

[問 2.12] 理想フィルタ出力の電力スペクトル密度は次式で与えられる。
$$\frac{N_0}{2} \Pi\left(\frac{\omega}{4\pi B}\right)$$
標本化出力の電力スペクトル密度は次式で与えられる。
$$W(e^{j\omega T}) = \frac{N_0}{2T} \sum_{n=-\infty}^{\infty} \Pi\left(\frac{\omega - 8\pi nB}{4\pi B}\right)$$
これを図示すれば**解図 2.2** のとおりになる。

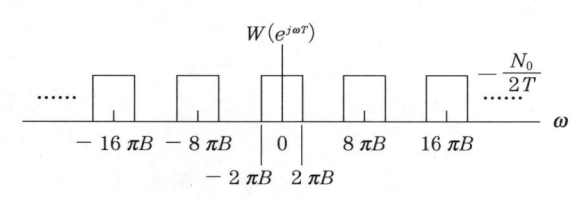

解図 2.2

自己相関関数および電力は次式で与えられる。

$$R(k) = N_0 B \operatorname{sinc} \frac{k}{2}, \quad P = R(0) = N_0 B$$

【3章】

[**問 3.1**] 関数 $Q(z)$ の表より

$$\sqrt{\rho} = 5.9978$$

を得る。これより ρ は15.6 dB となる。

[**問 3.2**] $P_e = (p_0 + p_2) Q\left(\dfrac{A_s - A_d}{\sigma}\right) + 2 p_1 Q\left(\dfrac{A_d}{\sigma}\right)$

[**問 3.3**] $P_e = 2 p_0 Q\left(\dfrac{A_d}{\sigma}\right) + p_1 Q\left(\dfrac{A_s - A_d}{\sigma}\right) - p_1 Q\left(\dfrac{A_s + A_d}{\sigma}\right)$

【4章】

[**問 4.1**] 入力雑音を $v(t)$ とし,その自己相関関数を $R_v(\tau)$ とする。2.1.2項の〔4〕より

$$R_v(\tau) = \frac{N_0}{2} \delta(\tau)$$

である。出力雑音電力 P_N の計算はつぎのとおりになる。

$$\begin{aligned}
P_N &= E\left[\left\{\int_{-\infty}^{\infty} v(t)g(t)\,dt\right\}^2\right] = E\left[\int_{-\infty}^{\infty}\int_{-\infty}^{\infty} v(x)g(x)v(y)g(y)\,dxdy\right] \\
&= \int_{-\infty}^{\infty}\int_{-\infty}^{\infty} E[v(x)v(y)]g(x)g(y)\,dxdy \\
&= \int_{-\infty}^{\infty}\int_{-\infty}^{\infty} \frac{N_0}{2} \delta(x-y)g(x)g(y)\,dxdy \\
&= \frac{N_0}{2}\int_{-\infty}^{\infty} g^2(x)\,dx = \frac{N_0 E_g}{2}
\end{aligned}$$

[**問 4.2**] G を増幅器の電力利得,F を増幅器の雑音指数,E を増幅器出力における信号エネルギー,N_0 を増幅器出力における雑音PSD（片側周波数表示）とすると次式が成り立つ。

$$\rho = \frac{2E}{N_0}, \quad E = 10^{-18} G, \quad N_0 = kT_a F G, \quad kT_a = 4 \times 10^{-21}$$

なお,雑音の計算については参考文献5）を参照のこと。
SNR ρ は次式で与えられる。

$$\rho = \frac{2 \times 10^{-18}}{4 \times 10^{-21} F} = \frac{500}{F}$$

デシベル値を [ ] で表せば
$[\rho] = [500] - 16 = 27.00 - 16 = 11.00$ **答** 11 dB

【5章】

[問 5.1] （1） 前提により $P_b = 10^{-11}$, $T = 10^{-8}$, $N_0 = 4 \times 10^{-12}$ である。式 (5.38) および表 3.1 よりつぎの結果を得る。

$$E_b = \frac{N_0}{2} \times 6.706^2 = 8.99408 \times 10^{-11} \quad \text{答 } 8.99 \times 10^{-11}\,\text{J}$$

（2） 式 (5.44) より

$$P_s = \frac{2E_b}{T} = 4 \times 10^{-12} \times 6.706^2 \times 10^8$$

$$= 0.017988\,\text{W} \rightarrow 12.54987\,\text{dBm} \quad \text{答 } 12.55\,\text{dBm}$$

[問 5.2] 前提により $T = 10^{-8}$, $F = 50.119$, $T_a = 308\,\text{K}$ である。ここでまず $P_b = 10^{-11}$ の場合を計算する。式 (5.38) および表 3.1 より

$$\frac{2E_b}{N_0} = 6.706^2$$

を得る。式 (5.44), (5.45) および $P_s = P_R G_R$ より次式を得る。

$$P_R = kT_a F T^{-1} \frac{2E_b}{N_0}$$

これを計算するとつぎの結果を得る。
$P_R = 9.584 \times 10^{-10}\,\text{W} \rightarrow -60.18\,\text{dBm}$
P_R がこの値以上であれば P_b は 10^{-11} 以下となる。　　答 $-60.2\,\text{dBm}$ 以上

【6章】

[問 6.1] $d_H = 4$
[問 6.2] $d_w = 4$
[問 6.3] $d_E = \sqrt{174}$
[問 6.4] 最短距離にある符号語：１０００１０１　　受信情報語：１０００
[問 6.5] （1） １－１－１　１　１　１－１　（2） １００１１１０　（3） １００１

【7章】

[問 7.1] 図 7.5 (b) において，この受信語のとおりのパスすなわち符号語が存在する。図 7.5 (a) において，これと同じパスをたどれば，受信情報語は１００１０となる。　答 １００１０
[問 7.3] ① ００　　② ００　　③ １１　　④ １０　　⑤ １０　　⑥ １０

【8章】（省　略）

【9章】

[問 9.1] 主ローブの幅は

$$2f_c = 2\frac{f_c}{f_b}f_b$$

である。これに $f_c/f_b = 10^3$, $f_b = 16\,\mathrm{kbps}$ を代入すれば $2f_c = 32\,\mathrm{MHz}$ を得る。　　**答** $32\,\mathrm{MHz}$

[問 9.2] 式 (9.23) より

$$K = 1 + \frac{3\,(f_c/f_b)}{\rho_D}$$

を得る。これに $f_c/f_b = 10^3$, $\rho_D = 36$ を代入して $K = 84.33$ を得る。したがって，許容できる同時通話者数は 84 である。　　**答** 84

[問 9.3] 式 (9.26) において $P_i = 2P_1$ ($i = 2,\ 3,\ \cdots,\ K$) として

$$\rho_D = \frac{3}{2(K-1)}\cdot\frac{f_c}{f_b} \quad \text{すなわち} \quad K = 1 + \frac{3}{2\rho_D}\cdot\frac{f_c}{f_b}$$

となる。これに $f_c/f_b = 10^3$, $\rho_D = 36$ を代入して $K = 42.6$ を得る。したがって，許容できる同時通話者数は 42 である。　　**答** 42

[問 9.4]　（1）　$R_s(\tau) = \dfrac{1}{8}\left\{\dfrac{1}{T}\displaystyle\int_{-\infty}^{\infty} g(u+\tau)\,g(u)\,du\right\}^2$

　　　　　（2）　$W_s(\omega) = \dfrac{1}{2\,\omega^2 T}\left(1 - \dfrac{\sin \omega T}{\omega T}\right),\quad W_s(0) = \dfrac{T}{12}$

【10 章】

[問 10.1]　（1）　$m = n$ のとき $AT/2$,　$m \neq n$ のとき 0
　　　　　（2）　$m = n$ のとき $BT/2$,　$m \neq n$ のとき 0
　　　　　（3）　$A^2 T/N_0$　　（4）　$B^2 T/N_0$

[問 10.2]　[問 10.1] と同じ。

【11 章】（省　略）

索　　引

【あ】

IQ 間干渉	166
誤り検出能力	67
誤り事象	81, 99
誤り制御復号器	84
誤り制御符号	63, 84
誤り制御符号器	84
誤り訂正能力	67
誤りの検出	63
誤りの訂正	63

【い】

生き残りパス	97
一次元信号空間	189
１次変調	120
インタリーブ	83
インパルス応答	5, 7, 165

【え】

AMI 伝送方式	36
エコーひずみ	161
SS-ASK 送受信器	132
SS-QAM 送受信器	132
SS-PAM 送受信器	131
SS-BPSK 方式	120
(n, k) ブロック符号	63
N 元 DFT	145
MAP 受信器	181, 185
ML 受信器	181, 188
ML 復号器	74, 77, 94, 97
m 系列	109
——の自己相関関数	113
——のシフト・加算性	113
——の周期	112
——のラン特性	113
m 系列発生器	110
m 系列（±１系列）	113
——のシフト・乗積性	114
M 値 ASK	59
M 値 PAM	59
M^2 QAM	59
LTI システム	4, 7
——の伝達関数	5, 7
LTI システム応答	17, 19, 22

【お】

OFDM 方式	134
オールゼロ符号語	66

【か】

ガウス確率変数	184
ガウス雑音	31
ガウス雑音電力	51
ガウス分布	31
拡散スペクトル技術	120
拡散変調	123
拡散率	121
確定的信号	1
確率過程	16
確率密度関数	31, 73
片側周波数表示	61
ガードインターバル	140
環境温度	61
干　渉	156, 178
干渉パス	178
関数 $Q(z)$	32
完全ランダム系列	109
完全ランダムパルス列	109

【き】

基準搬送波	166
擬似ランダム系列	116, 121
擬似ランダムパルス列	116, 121
擬似ランダム符号	109
期待値	16
基底関数	182
逆拡散	123
逆フーリエ変換	2, 6
逆離散フーリエ変換	9
共役対称特性	4, 7
共分散	169
距離判定の原理	187

【く】

クロック位相	24

【け】

結合ガウス分布	169
結合ガウス変数	169
結合確率密度関数	169
結合 WSS	167
検査ビット	67

【こ】

広義の定常確率過程	17
広義の周期定常確率過程	18
拘束長	88
硬判定復号	69
合分波器	136
コサインロールオフ	49

索引　201

【さ】

最小自由距離	99
最小ハミング距離	66
最大事後確率受信器	185
最短距離誤り事象	99
最短距離パス	99
最適受信条件	140
最適復号器	75, 78
最尤受信器	187
最尤パス	94
最尤復号器	74
雑音指数	46
雑音電力	38
雑音の自己相関関数	159
雑音モデル	17
サブキャリヤ	134
サブキャリヤ位相	142
サブキャリヤ周波数	138
サブチャネル	135
3値伝送方式	36

【し】

時間ホッピング方式	120
しきい値	31
しきい値識別	70
識別器	30, 51
識別時点	29
識別受信器	29
識別特性	30
シグナルフローグラフ	100
事後確率	74, 185
自己相関関数	16, 21
2乗ユークリッド距離	78
時不変	4, 7
時分割多元接続方式	126
弱周期定常確率過程	18
弱定常確率過程	17
周期定常確率過程	18
周期的延長	150
周期的系列	114, 174
——の自己相関関数	115
——の平均値	114
周期的パルス列	175
集合平均	17
周波数スペクトル	2, 6
周波数分割多元接続方式	126
周波数ホッピング方式	120
周波数利用効率	134
受信語	74, 172
受信情報語	94
シュワルツの不等式	40
周期的信号	175
条件付き確率	74
乗算器	8
乗積検波	168
乗積変調	20
状態	89
状態遷移図	90
情報語	63
情報ビット	64
情報ビット当りのエネルギー	72
処理利得	121
信号空間	182
信号対干渉比	181
信号対雑音比	37
信号のエネルギー	4, 7
信号パス	178
信号ひずみ	177

【す】

| スペクトル拡散技術 | 120 |

【せ】

正規化タップ係数	162
正規直交条件	182
正規分布	31
整合フィルタ	40
整合フィルタ受信	68, 93
整合フィルタ受信器	45
積変調	51
ゼロ交差波形	48, 180
ゼロ符号間干渉	68, 93
ゼロ符号間干渉条件	148, 158
遷移	89
漸近符号化利得	75, 104
線形・時不変システム	4, 7
線形符号	66
線形変調方式	47
線スペクトル電力	175

【そ】

相間干渉	166
相関受信	138
相関受信器	42
相互相関関数	167
送信情報語	94

【た】

帯域確率過程	167
帯域制限信号	9
帯域制限 WSCS	20
帯域 WSS	167
タイトな上限，下限	79
ダイバーシティ効果	83
代表的誤り事象	100
タイミングパルス	30
タイムスロット	126
多元接続方式	125
多次元信号空間	189
多重波伝搬	177
畳込み	1, 3, 6
——の和	6
畳込み積分	1
畳込み符号器	87
畳込み符号の伝達関数	100
単位インパルス	3, 6
単一チャネル干渉	127
単極性伝送方式	33
単極性パルス列	28

【ち】

遅延素子	88
チップ当りのエネルギー	128
チップ周期	121
チップ速度	121
チャネル間隔	180
チャネル間干渉	180
チャネル内干渉	178
重畳の理	4, 7
直接拡散方式	120
直接波	142
直列・並列変換器 S/P	144
直交 FDM 方式	134
直交条件	139
直交信号	139
直交成分	147
直交変調	147

【て】

低域白色ガウス雑音	170
定常ガウス過程	17
定常確率過程	17
定常雑音	17, 37
デインタリーブ回路	84
データ区間	140
デルタ関数	3
伝送ビット当りのエネルギー	72
伝送路ひずみ	134
転置	169
電力	17, 21
電力スペクトル密度	17, 19, 22, 37

【と】

等化器	160
等価低域伝達関数	13
同期検波	51, 53, 138, 166
同相成分	147

ドップラーシフト	129, 178
トランスバーサル等化器	156
トリー図	90
トレリス図	90

【な】

ナイキストの第1基準	48
軟判定復号	70

【に】

二元対称通信路	64
2 次変調	121
2 信号誤り率	80
2 進符号	34
2 タップ等化	156
2 波モデル	142, 178

【の】

ノード	90

【は】

白色ガウス雑音	51, 60, 184
白色雑音	38
白色 WSS	18
白色定常雑音	26
パーシバルの公式	3, 7
パス	90
バースト誤り	84
パスメトリック	90
ハミング重み	66
ハミング距離	65
パリティ検査ビット	64
搬送波位相	25
搬送波帯 LTI システム	5, 165
搬送波パルス	140

【ひ】

BER 改善比	164
BSC のビット誤り率	74

BSC モデル	64
非線形変調方式	47
ビタビアルゴリズム	94
ビット当りのエネルギー	56
ビット誤り率	34
——の上限	104
ビット速度	121
非同期	24
非同期化	25
BPSK	25
標本化	8
標本化定理	9, 183

【ふ】

フーリエ変換	2, 6
フーリエ変換対	2, 6
フェージング	129
復号器	35
符号誤りの発生	30
符号誤り率	33, 56, 156
——の上限，下限	79
符号化率	64
符号化利得	75
符号間干渉	12, 150, 159, 179
符号器	64
符号語	63, 91, 172
符号分割多元接続方式	126
ブランチ	90
ブランチメトリック	90
ブロック符号	63

【へ】

平均値	17
ベイズの公式	74
並列・直列変換器 P/S	144
ベースバンドパルス	140
ベースバンド PAM	50
ベースバンド両極性信号	23
変調データ	72
変調データ系列	175

索引 203

【ほ】

ポアソン和公式	3
方形スペクトル	49
方形パルス	49
保護区間	140
ボルツマンの定数	60

【ま】

| マルチキャリヤ変調方式 | 135 |
| マルチパス | 177 |

【み】

| μ_m 判定 | 188 |

【む】

| 無相関 | 169 |

【ゆ】

| ユークリッド距離 | 79 |

【よ】

尤度	74
4進符号	34
4値 ASK	57
4値伝送方式	34
4値 PAM	56

【ら】

| λ_m 判定 | 188 |
| ランダム位相 | 25 |

【り】

離散時間 OFDM	144
離散時間確率過程	16
離散時間信号	5
離散時間 WSS	22
離散時間フィルタ	156
離散フーリエ変換	9
離散フーリエ変換対	9
理想 LPF	26

【れ】

両極性 NRZ 信号	120
両極性信号	24
両極性伝送方式	34, 56
両極性パルス列	28
両側周波数表示	128

【れ】

連続時間 OFDM	137
連続時間確率過程	16
連続時間 WSS	22

【ろ】

| ロールオフ率 α | 49 |
| 論理和演算 (EX-OR) | 110 |

【わ】

| ワード誤り率 | 69 |

【A】

a posteriori probability	185
ASK	51
asymptotic coding gain	75
autocorrelation function	16

【B】

bandpass lowpass analogy	166
Bayes	74
BER	160
bit rate	121
block codes	63
BPF	18
BPSK	57
BSC	64

【C】

CDMA	126
chip rate	121
code rate	64
code word	63
coding gain	75
constraint length	88
convolution	1
convolutional codes	87
cyclic extension	150

【D】

data interval	140
data word	63
deinterleaver	84
despreading	123
deterministic signal	1
DFT	9, 144
DS-SS	120

【E】

error control codes	63
error correction	63
error detection	63
error event	81, 99

【F】

FDMA	126
FDM 伝送	135
FH-SS	120

【G】

| guard interval | 140 |

【H】

| Hamming distance | 65 |
| Hamming weight | 66 |

hard decision decoding 69

【I】
IDFT 9, 145
integrate-and-dump
　receiver 44
interleaver 83

【J】
jointly Gaussian random
　variables 169
jointly WSS random
　process 167

【L】
likelihood 74, 187
linear code 66
LOS signal 177
lower bound 79
LPF 125

【M】
M^2 QAM 59
MA 125
matched filter 40
maximal-length linear
　shift register
　sequences 109
maximum a posteriori
　probability receiver 185
maximum-likelihood
　decoder 74

maximum-likelihood
　receiver 187
minimum distance error
　event 99
minimum distance path 99
minimum free distance 99
m-sequences 109

【N】
Nyquist 48

【O】
orthogonal condition 139

【P】
Parseval 3
PN code 109
PN sequence 121
Poisson 3
primitive polynomial 112
processing gain 121
PSD 37

【Q】
QPSK 58, 178

【R】
random phase epoch 25
random process 16

【S】
SNR 37

soft decision decoding 70
spreading ratio 121
SS 120
SS-ASK 132
SS-PAM 131
SS-QAM 132
state 89
state transition diagram 90
stochastic process 16
survivor path 97

【T】
TDMA 126
TH-SS 120
time invariant 4
transition 89
transpose 169
trellis diagram 90

【U】
union bound 80

【W】
WSCS 18
WSS 17, 170

【数字】
2 ray model 178
(7, 4)ハミング符号語 67
16 QAM 58

―― 著者略歴 ――

宮内　一洋（みやうち　かずひろ）
1954年　東京大学工学部電気工学科卒業
1954年
〜86年　NTT電気通信研究所勤務
1966年　工学博士（東京大学）
1986年　東京理科大学教授
　　　　現在に至る

若林　勇（わかばやし　いさむ）
1974年　東京理科大学工学部電気工学科卒業
1976年　東京理科大学大学院修士課程修了
1997年　工学博士（東京理科大学）
2001年　東京理科大学講師
　　　　現在に至る

ディジタル通信理論入門
An Introduction to Digital Communication Theory
© Kazuhiro Miyauchi, Isamu Wakabayashi 2005

2005年9月8日　初版第1刷発行

検印省略

著　者　宮　内　一　洋
　　　　若　林　　　勇
発行者　株式会社　コロナ社
　　　　代表者　牛来辰巳
印刷所　壮光舎印刷株式会社

112-0011　東京都文京区千石4-46-10
発行所　株式会社　コロナ社
CORONA PUBLISHING CO., LTD.
Tokyo Japan
振替 00140-8-14844・電話 (03)3941-3131(代)
ホームページ http://www.coronasha.co.jp

ISBN 4-339-00776-5　　（高橋）　（製本：グリーン）
Printed in Japan

無断複写・転載を禁ずる
落丁・乱丁本はお取替えいたします

電子情報通信レクチャーシリーズ

■(社)電子情報通信学会編　　(各巻B5判)

共通

配本順				頁	定価
A-1		電子情報通信と産業	西村 吉雄 著		
A-2		電子情報通信技術史	技術と歴史研究会編		
A-3		情報社会と倫理	笠原 正雄／土屋 俊 共著		
A-4		メディアと人間	原島 博／北川 高嗣 共著		
A-5	(第6回)	情報リテラシーとプレゼンテーション	青木 由直 著	216	3570円
A-6		コンピュータと情報処理	村岡 洋一 著		
A-7		情報通信ネットワーク	水澤 純一 著		
A-8		マイクロエレクトロニクス	亀山 充隆 著		
A-9		電子物性とデバイス	益 一哉 著		

基礎

B-1		電気電子基礎数学	大石 進一 著		
B-2		基礎電気回路	篠田 庄司 著		
B-3		信号とシステム	荒川 薫 著		
B-4		確率過程と信号処理	酒井 英昭 著		
B-5		論理回路	安浦 寛人 著		
B-6	(第9回)	オートマトン・言語と計算理論	岩間 一雄 著	186	3150円
B-7		コンピュータプログラミング	富樫 敦 著		
B-8		データ構造とアルゴリズム	今井 浩 著		
B-9		ネットワーク工学	仙石 正和／田村 裕 共著		
B-10	(第1回)	電磁気学	後藤 尚久 著	186	3045円
B-11		基礎電子物性工学	阿部 正紀 著		
B-12	(第4回)	波動解析基礎	小柴 正則 著	162	2730円
B-13	(第2回)	電磁気計測	岩﨑 俊 著	182	3045円

基盤

C-1	(第13回)	情報・符号・暗号の理論	今井 秀樹 著	220	3675円
C-2		ディジタル信号処理	西原 明法 著		
C-3		電子回路	関根 慶太郎 著		
C-4		数理計画法	福島 雅夫／山下 信雄 共著		
C-5		通信システム工学	三木 哲也 著		
C-6		インターネット工学	後藤 滋樹 著		
C-7	(第3回)	画像・メディア工学	吹抜 敬彦 著	182	3045円
C-8		音声・言語処理	広瀬 啓吉 著		

配本順			頁	定価
C-9	（第11回）	コンピュータアーキテクチャ　坂井　修一著	158	2835円
C-10		オペレーティングシステム　徳田　英幸著		
C-11		ソフトウェア基礎　外山　芳人著		
C-12		データベース　田中　克己著		
C-13		集積回路設計　浅田　邦博著		
C-14		電子デバイス　舛岡富士雄著		
C-15	（第8回）	光・電磁波工学　鹿子嶋憲一著	200	3465円
C-16		電子物性工学　奥村　次徳著		

展開

			頁	定価
D-1		量子情報工学　山崎　浩一著		
D-2		複雑性科学　松本　隆／相澤　洋二共著		
D-3		非線形理論　香田　徹著		
D-4		ソフトコンピューティング　山川　烈著		
D-5		モバイルコミュニケーション　中川　正雄／大槻　知明共著		
D-6		モバイルコンピューティング　中島　達夫著		
D-7		データ圧縮　谷本　正幸著		
D-8	（第12回）	現代暗号の基礎数理　黒澤　馨／尾形わかは共著	198	3255円
D-9		ソフトウェアエージェント　西田　豊明著		
D-10		ヒューマンインタフェース　西田　正吾／加藤　博一共著		
D-11		結像光学の基礎　本田　捷夫著		
D-12		コンピュータグラフィックス　山本　強著		
D-13		自然言語処理　松本　裕治著		
D-14	（第5回）	並列分散処理　谷口　秀夫著	148	2415円
D-15		電波システム工学　唐沢　好男著		
D-16		電磁環境工学　徳田　正満著		
D-17		ＶＬＳＩ工学　岩田　穆／角南英夫共著		
D-18	（第10回）	超高速エレクトロニクス　中村　徹／三島　友義共著	158	2730円
D-19		量子効果エレクトロニクス　荒川　泰彦著		
D-20		先端光エレクトロニクス　大津　元一著		
D-21		先端マイクロエレクトロニクス　小柳　光正著		
D-22		ゲノム情報処理　高木　利久著		
D-23		バイオ情報学　小長谷明彦著		
D-24	（第7回）	脳工学　武田　常広著	240	3990円
D-25		生体・福祉工学　伊福部　達著		
D-26		医用工学　菊地　眞著		

定価は本体価格+税5％です。
定価は変更されることがありますのでご了承下さい。

図書目録進呈◆

電子情報通信学会 大学シリーズ

(各巻A5判)

■(社)電子情報通信学会編

記号	配本順	書名	著者	頁	定価
A-1	(40回)	応用代数	伊藤 理重 正悟 夫 共著	242	3150円
A-2	(38回)	応用解析	堀内 和夫 著	340	4305円
A-3	(10回)	応用ベクトル解析	宮崎 保光 著	234	3045円
A-4	(5回)	数値計算法	戸川 隼人 著	196	2520円
A-5	(33回)	情報数学	廣瀬 健 著	254	3045円
A-6	(7回)	応用確率論	砂原 善文 著	220	2625円
B-1	(57回)	改訂 電磁理論	熊谷 信昭 著	340	4305円
B-2	(46回)	改訂 電磁気計測	菅野 允 著	232	2940円
B-3	(56回)	電子計測(改訂版)	都築 泰雄 著	214	2730円
C-1	(34回)	回路基礎論	岸 源也 著	290	3465円
C-2	(6回)	回路の応答	武部 幹 著	220	2835円
C-3	(11回)	回路の合成	古賀 利郎 著	220	2835円
C-4	(41回)	基礎アナログ電子回路	平野 浩太郎 著	236	3045円
C-5	(51回)	アナログ集積電子回路	柳沢 健 著	224	2835円
C-6	(42回)	パルス回路	内山 明彦 著	186	2415円
D-2	(26回)	固体電子工学	佐々木 昭夫 著	238	3045円
D-3	(1回)	電子物性	大坂 之雄 著	180	2205円
D-4	(23回)	物質の構造	高橋 清 著	238	3045円
D-6	(13回)	電子材料・部品と計測	川端 昭 著	248	3150円
D-7	(21回)	電子デバイスプロセス	西永 頌 著	202	2625円
E-1	(18回)	半導体デバイス	古川 静二郎 著	248	3150円
E-2	(27回)	電子管・超高周波デバイス	柴田 幸男 著	234	3045円
E-3	(48回)	センサデバイス	浜川 圭弘 著	200	2520円
E-4	(36回)	光デバイス	末松 安晴 著	202	2625円
E-5	(53回)	半導体集積回路	菅野 卓雄 著	164	2100円
F-1	(50回)	通信工学通論	畔柳 功芳 塩谷 光 共著	280	3570円
F-2	(20回)	伝送回路	辻井 重男 著	186	2415円
F-4	(30回)	通信方式	平松 啓二 著	248	3150円

記号	(回)	書名	著者	頁	価格
F-5	(12回)	通信伝送工学	丸林 元 著	232	2940円
F-7	(8回)	通信網工学	秋山 稔 著	252	3255円
F-8	(24回)	電磁波工学	安達三郎 著	206	2625円
F-9	(37回)	マイクロ波・ミリ波工学	内藤喜之 著	218	2835円
F-10	(17回)	光エレクトロニクス	大越孝敬 著	238	3045円
F-11	(32回)	応用電波工学	池上文夫 著	218	2835円
F-12	(19回)	音響工学	城戸健一 著	196	2520円
G-1	(4回)	情報理論	磯道義典 著	184	2415円
G-2	(35回)	スイッチング回路理論	当麻喜弘 著	208	2625円
G-3	(16回)	ディジタル回路	斉藤忠夫 著	218	2835円
G-4	(54回)	データ構造とアルゴリズム	斎藤信男・西原清一 共著	232	2940円
H-1	(14回)	プログラミング	有田五次郎 著	234	2205円
H-2	(39回)	情報処理と電子計算機（「情報処理通論」改題新版）	有澤誠 著	178	2310円
H-3	(47回)	電子計算機Ⅰ ─基礎編─	相磯秀夫・松下温 共著	184	2415円
H-4	(55回)	改訂 電子計算機Ⅱ ─構成と制御─	飯塚肇 著	258	3255円
H-5	(31回)	計算機方式	高橋義造 著	234	3045円
H-7	(28回)	オペレーティングシステム論	池田克夫 著	206	2625円
I-3	(49回)	シミュレーション	中西俊男 著	216	2730円
I-4	(22回)	パターン情報処理	長尾真 著	200	2520円
J-1	(52回)	電気エネルギー工学	鬼頭幸生 著	312	3990円
J-3	(3回)	信頼性工学	菅野文友 著	200	2520円
J-4	(29回)	生体工学	斎藤正男 著	244	3150円
J-5	(45回)	改訂 画像工学	長谷川伸 著	232	2940円

以下続刊

C-7	制御理論		D-1	量子力学
D-5	光・電磁物性		F-3	信号理論
F-6	交換工学		G-5	形式言語とオートマトン
G-6	計算とアルゴリズム		J-2	電気機器通論

定価は本体価格+税5%です。
定価は変更されることがありますのでご了承下さい。

図書目録進呈◆

新コロナシリーズ (各巻B6判)

		著者	頁	定価
1.	ハイパフォーマンスガラス	山根正之著	176	1223円
2.	ギャンブルの数学	木下栄蔵著	174	1223円
3.	音戯話	山下充康著	122	1050円
4.	ケーブルの中の雷	速水敏幸著	180	1223円
5.	自然の中の電気と磁気	高木相著	172	1223円
6.	おもしろセンサ	國岡昭夫著	116	1050円
7.	コロナ現象	室岡義廣著	180	1223円
8.	コンピュータ犯罪のからくり	菅野文友著	144	1223円
9.	雷の科学	饗庭貢著	168	1260円
10.	切手で見るテレコミュニケーション史	山田康二著	166	1223円
11.	エントロピーの科学	細野敏夫著	188	1260円
12.	計測の進歩とハイテク	高田誠二著	162	1223円
13.	電波で巡る国ぐに	久保田博南著	134	1050円
14.	膜とは何か ―いろいろな膜のはたらき―	大矢晴彦著	140	1050円
15.	安全の目盛	平野敏右編	140	1223円
16.	やわらかな機械	木下源一郎著	186	1223円
17.	切手で見る輸血と献血	河瀬正晴著	170	1223円
18.	もの作り不思議百科 ―注射針からアルミ箔まで―	JSTP編	176	1260円
19.	温度とは何か ―測定の基準と問題点―	櫻井弘久著	128	1050円
20.	世界を聴こう ―短波放送の楽しみ方―	赤林隆仁著	128	1050円
21.	宇宙からの交響楽 ―超高層プラズマ波動―	早川正士著	174	1223円
22.	やさしく語る放射線	菅野・関共著	140	1223円
23.	おもしろ力学 ―ビー玉遊びから地球脱出まで―	橋本英文著	164	1260円
24.	絵に秘める暗号の科学	松井甲子雄著	138	1223円
25.	脳波と夢	石山陽事著	148	1223円
26.	情報化社会と映像	樋渡涓二著	152	1223円
27.	ヒューマンインタフェースと画像処理	鳥脇純一郎著	180	1223円
28.	叩いて超音波で見る ―非線形効果を利用した計測―	佐藤拓宋著	110	1050円
29.	香りをたずねて	廣瀬清一著	158	1260円
30.	新しい植物をつくる ―植物バイオテクノロジーの世界―	山川祥秀著	152	1223円

31.	磁石の世界	加藤哲男著	164	**1260円**
32.	体を測る	木村雄治著	134	**1223円**
33.	洗剤と洗浄の科学	中西茂子著	208	**1470円**
34.	電気の不思議 ―エレクトロニクスへの招待―	仙石正和編著	178	**1260円**
35.	試作への挑戦	石田正明著	142	**1223円**
36.	地球環境科学 ―滅びゆくわれらの母体―	今木清康著	186	**1223円**
37.	ニューエイジサイエンス入門 ―テレパシー,透視,予知などの超自然現象へのアプローチ―	窪田啓次郎著	152	**1223円**
38.	科学技術の発展と人のこころ	中村孔治著	172	**1223円**
39.	体を治す	木村雄治著	158	**1260円**
40.	夢を追う技術者・技術士	CEネットワーク編	170	**1260円**
41.	冬季雷の科学	道本光一郎著	130	**1050円**
42.	ほんとに動くおもちゃの工作	加藤孜著	156	**1260円**
43.	磁石と生き物 ―からだを磁石で診断・治療する―	保坂栄弘著	160	**1260円**
44.	音の生態学 ―音と人間のかかわり―	岩宮眞一郎著	156	**1260円**
45.	リサイクル社会とシンプルライフ	阿部絢子著	160	**1260円**
46.	廃棄物とのつきあい方	鹿園直建著	156	**1260円**
47.	電波の宇宙	前田耕一郎著	160	**1260円**
48.	住まいと環境の照明デザイン	饗庭貢著	174	**1260円**
49.	ネコと遺伝学	仁川純一著	140	**1260円**
50.	心を癒す園芸療法	日本園芸療法士協会編	170	**1260円**
51.	温泉学入門 ―温泉への誘い―	日本温泉科学会編	144	**1260円**
52.	摩擦への挑戦 ―新幹線からハードディスクまで―	日本トライボロジー学会編	176	**1260円**
53.	気象予報入門	道本光一郎著	118	**1050円**

定価は本体価格+税5％です。
定価は変更されることがありますのでご了承下さい。

◆図書目録進呈◆

電気・電子系教科書シリーズ

(各巻A5判)

- ■編集委員長 高橋 寛
- ■幹　　　事 湯田幸八
- ■編集委員 江間 敏・竹下鉄夫・多田泰芳
　　　　　　中澤達夫・西山明彦

配本順		著者	頁	定価
1. (16回)	電気基礎	柴田尚志 皆新二 共著	252	3150円
2. (14回)	電磁気学	多田泰芳 柴田尚 共著	304	3780円
4. (3回)	電気回路II	遠藤勲 鈴木靖 共著	208	2730円
6. (8回)	制御工学	下西二郎 奥平鎮正 共著	216	2730円
9. (1回)	電子工学基礎	中澤達夫 藤原勝幸 共著	174	2310円
10. (6回)	半導体工学	渡辺英夫 著	160	2100円
11. (15回)	電気・電子材料	中澤・押田・森山 藤服部 原部 共著	208	2625円
12. (13回)	電子回路	須田健英 土田二 共著	238	2940円
13. (2回)	ディジタル回路	伊原充博 若海弘夫 吉沢昌純也 共著	240	2940円
14. (11回)	情報リテラシー入門	室賀進 山下也巌 共著	176	2310円
17. (17回)	計算機システム	春日雄 舘泉健治 共著	240	2940円
18. (10回)	アルゴリズムとデータ構造	湯田幸八 伊原充博 共著	252	3150円
19. (7回)	電気機器工学	前田邦 新谷勉弘 共著	222	2835円
20. (9回)	パワーエレクトロニクス	江間敏 高橋勲 共著	202	2625円
21. (12回)	電力工学	江間敏 甲斐隆章 共著	260	3045円
22. (5回)	情報理論	三吉木川成英彦 共著	216	2730円
25. (4回)	情報通信システム	岡田正史 桑原裕 共著	190	2520円

以下続刊

- 3. 電気回路I 多田・柴田共著
- 5. 電気・電子計測工学 西山・吉沢共著
- 7. ディジタル制御 青木・西堀共著
- 8. ロボット工学 白水俊之著
- 15. プログラミング言語I 湯田幸八著
- 16. プログラミング言語II 柚賀・千代谷共著
- 23. 通信工学 竹下鉄夫著
- 24. 電波工学 松田・南部・宮田共著
- 26. 高電圧工学 松原・植月・箕田共著

定価は本体価格+税5%です。
定価は変更されることがありますのでご了承下さい。

図書目録進呈◆